野菜たちの楽園

Vegetables in paradise

微生物と共生する野菜たち

The power of microorganisms

A microcosm in a pot
where the harvest continues

収穫が続く鉢の中の小宇宙

CONTENTS

PART II 春夏秋冬のベランダ寄せ植え菜園

◎本書について

- 野菜は栽培する環境によって生育状況が異なります。本書の栽培時期は関東以南を目安としています。
- 本書で紹介するコンテナのサイズは「幅×奥行き×深さ」を示しています。表記は「（幅）○×（奥行き）○×深さ○cm」と統一しています。円筒状のものは「直径○×深さ○cm」としています。
- 料理の大さじ1は15mℓ、小さじ1は5mℓ、1カップは200mℓです。
- 電子レンジやオーブンは、機種により性能に差があります。記載した加熱時間を目安に、様子を見ながら調整してください。
- お住まいのマンション、アパートによっては、ベランダの使用方法に制限がある場合があります。ご確認の上、栽培を行ってください。

ベランダで愉しむ寄せ植え菜園

「コンテナひとつ」でOK

道具、資材について

「野菜の数だけコンテナが必要」と思っていませんか？ 初めて育てるのなら、ひとつのコンテナからスタートしても。土も肥料も最小限で少しずつ買い足し、季節ごとに野菜やハーブを植えてみる。花の寄せ植えのように、気軽に始めてみませんか？

「寄せ植え」&「リレー栽培」

土の入れ替えなしの土づくり

ベランダ菜園の最大のネックは、土の入れ替え問題。収穫後、重い土をどう扱えば…。そんなお悩みも土づくりで解決できます。微生物の力を借りながら、野菜やハーブや花と一緒に土も育てていく方法です。一年中、緑が絶えず、収穫が楽しめます。

微生物が元気に働く「土づくり」

土壌環境について

「そんな土があるの？」。わが家には同じ土で10年以上も収穫しているコンテナが数種類あります。土は入れ替えず、少しずつ足しながら、ぬか床のように育てています。土の中の微生物が活発に動ける土をつくれば、植物も根から元気に育ちます。

肥料よりも「光合成」が大事

ベランダで日当たりをよくする工夫

肥料は欠かせないと思っていませんか？　じつは肥料よりも大切なのが「光合成」。太陽にしっかり当てて、水をたっぷり与えれば、植物自ら光合成を行い、養分を蓄えます。日当たりのいい場所にハンギング鉢をつるしたり、置き場所も工夫したりしています。

point
5
P18

気候変動に合わせた「植物選び」

これからの野菜の育て方、選び方

酷暑のベランダは夜になっても気温が下がらず、実の生育が止まってしまう夏野菜も。そんな環境でも南国生まれの野菜なら元気に成長してくれます。アフリカ生まれのオクラ、ササゲ、モロヘイヤなどは夏の暑さにも負けず、収穫が楽しめます。

point 1

「コンテナひとつ」でOK

1個のコンテナに野菜を寄せ植えします

上の写真ではカリフラワーにリーフレタスやコリアンダーなどの葉もの野菜を植えています。たったひとつのコンテナでも、数種類の野菜やハーブが育って、食べることができる組み合わせです。

カリフラワーの収穫が終わっても、まわりの葉もの野菜やハーブの収穫が続きます。なにより、土の表面の乾燥を防ぎ、土の中には微生物の多様性も生まれ、野菜も元気に育ちます。見た目にも美しく、土もよく育っていく寄せ植え。次の野菜にバトンタッチするのが楽しくなります。

point 2

#「寄せ植え」&「リレー栽培」

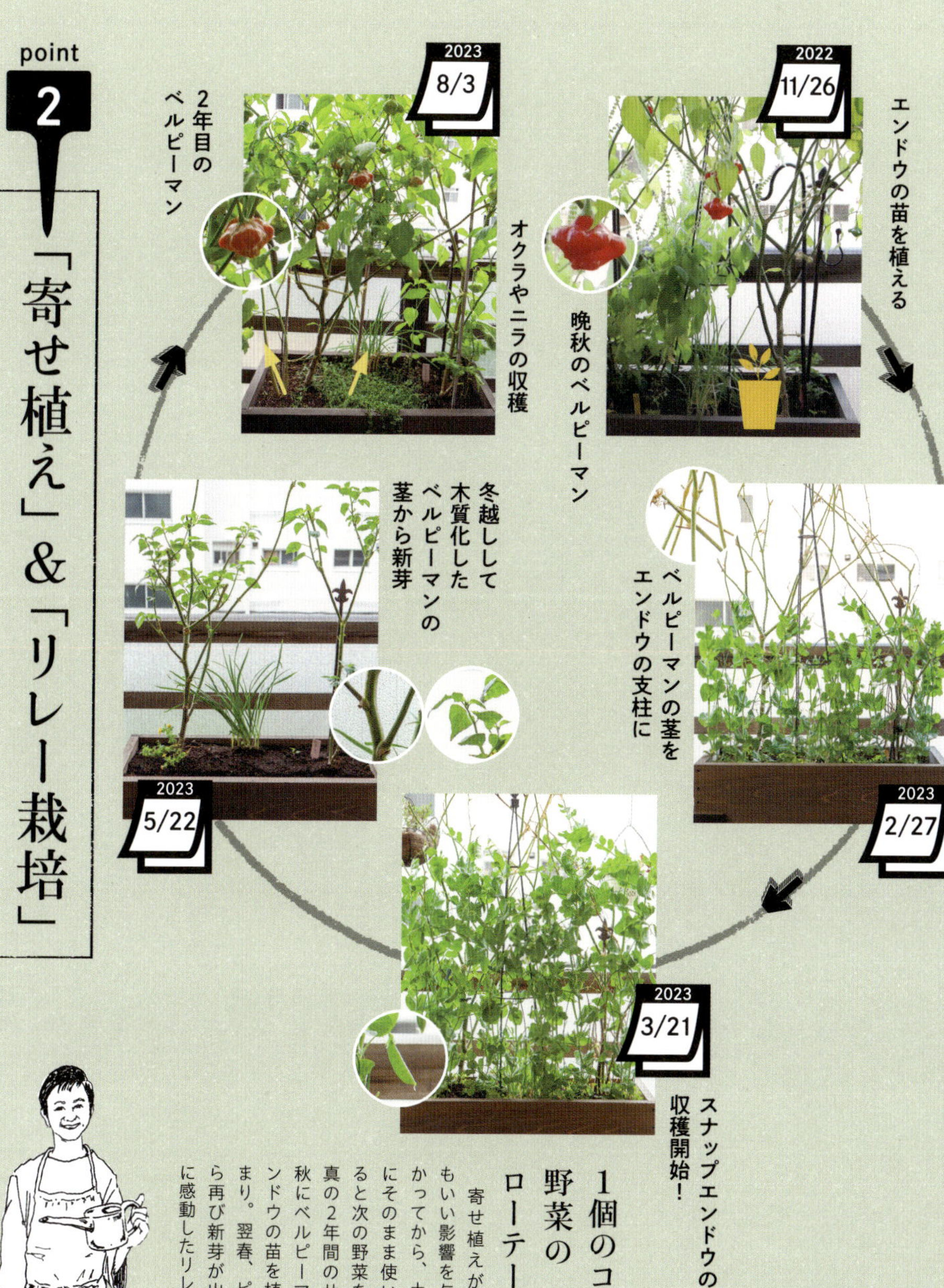

1個のコンテナで野菜のローテーション

寄せ植えが土にも野菜にもいい影響を与えることがわかってから、土は入れ替えずにそのまま使い、収穫が終わると次の野菜を植えます。写真の2年間のサイクルは、晩秋にベルピーマンの手前にエンドウの苗を植えたのがはじまり。翌春、ピーマンの茎から再び新芽が出始め、生命力に感動したリレー栽培でした。

point 3

微生物が元気に働く「土づくり」

土の中の微生物も一緒に育てる

以前使っていた土は、使い続けると土が粘土状になり、扱いが大変でした。ぬか床のように継ぎ足しながらずっと使える土はないか、と試行錯誤を繰り返し、たどりついたのが現在使っている土です。

土の中には植物の成長に欠かせない膨大な数の微生物がいます。ソラマメなどのマメ科野菜の根にすむ「根粒菌」や、植物に必要な養分を集めてくれる「菌根菌」などです。これらの微生物に注目して、野菜を育てるように微生物も一緒に育つ土づくりに変えてからは、土を取り替えることがなくなってきました。

point

4

肥料よりも「光合成」が大事

ベランダは日当たりが大切！

野菜づくりに必要なのは、肥料？　手間暇？　どちらも必要ではありますが、多くの植物は太陽の光に当たり、根から水を吸い、葉で空気中の二酸化炭素を吸収する「光合成」が大事です。その作用で、植物は必要な養分を自ら蓄えて育ちます。そんなことをイメージして手助けできるといいですね。

日当たりのいい場所に置き、乾いていたらたっぷり水やり。慣れてくると葉の様子で、「水が欲しい＝光合成したい！」という植物の気持ちがわかるようになってきます。

point 5

気候変動に合わせた「植物選び」

温暖化を逆手に南国の野菜もベランダならうまくいく

酷暑の夏、トマトはあまり実をつけませんでした。トマトの原産地は昼と夜の温度差がある南米アンデス地方。じつは熱帯夜が苦手な野菜です。

そんな年でも元気に育つのがアフリカ原産のオクラやゴマ、南米のピーマンなど。暑い国が原産の野菜を選べば、夏の暑さが厳しいベランダでも、ぐんぐん育ちます。

冬のベランダは畑よりも2〜3℃高いので、真冬でもいろいろな野菜が育てられます。アブラナ科野菜は、春より虫が少ない秋がおすすめです。

PART I

ベランダ寄せ植え菜園の基本

準備編
スタートするときに用意する資材

ベランダ菜園に適したおすすめの資材です。

みみずのふん土

くん炭

有機置き肥

有機元肥

ココヤシ100%の土

ココヤシ100%の土／ココヤシの繊維を圧縮させた軽くて便利な培養土。今回使用するのは、初期肥料入りの超圧縮培養土「土ブロック」(プロトリーフ)。使用時に水を加えればふかふかの土に。**くん炭**／もみ殻を燻した土壌改良材。通気性、排水性を改善し、無数の穴があいているので微生物のすみかにもなる。**有機元肥**／野菜や花を植えつけるときに与える。「元肥の匠」(プロトリーフ) は菌根菌をはじめ24種類の微生物入りで土を豊かにし、連作障害の予防対策にも。**みみずのふん土**／土に混ぜるだけで土壌を中和し、連作障害を改善する有機特殊肥料。植物に必要な栄養素や酵素、ミネラルまで得られる。「みみず太郎100」(豊徳)、「みみずのふん」(創和リサイクル) がおすすめ。**有機置き肥**／天然素材を使用している有機肥料を、株まわりにまく「置き肥」として使用。根を傷める心配もなし。おすすめは「バイオゴールドオリジナル」(タクト)。

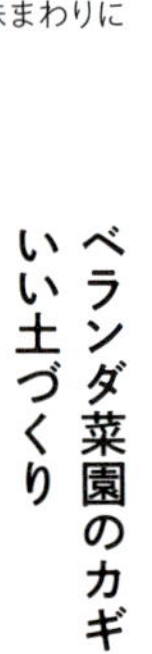

ベランダ菜園のカギはいい土づくり

コンテナの土を繰り返し使いたい。ヒントは自然界にありました。めざすは野山と同じ「土の中の微生物が育つ土」。すでに10年以上も同じ土を使っています。

ベランダで作業するからには「軽さ」も大事。ココヤシ繊維の「土ブロック」は扱いやすく、保水性、通気性もあります。微生物のすみかとなる、もみ殻を燻製した「くん炭」もとにかく軽い。「みみずのふん土」や「有機元肥」は土に混ぜるだけで、植物に必要な栄養素が得られます。

お助けアイテム
天然有機肥料・活性剤「バイオゴールドシリーズ」

バイタル／微生物の働きを活性化して根の生育を促す天然素材の植物活性液。葉の色が薄いなど元気がないときにも効果的。**ヴィコント564ネオ**／根の細胞分裂を活発にして、株の生育を加速させる液体肥料。バイタルとミックスしてもOK。**ニーム**／ニーム（インドセンダン）の実から抽出した高純度オイル。100%天然成分で耐性もつかず、繰り返し使える。ハダニ・アブラムシ退治や予防に使用。
＊すべて水で規定量に希釈して与えます。

バイオゴールドオリジナルを溶かして液肥に／水 500mℓに１粒が目安。一晩で溶け、速効性のある有機液肥に。

tips

たなか流！これは便利。「お世話セット」を作っておく

容器に肥料の希釈率を書いておくと楽

「いざ使いたいときにアレがない」。それを解決してくれたのが、ホームセンターで見つけた取っ手付き収納ボックス。仕切りがあり、肥料やかき混ぜ棒などの小道具も収まりやすい。肥料の容器には、希釈量が一目でわかるよう手書きしています。

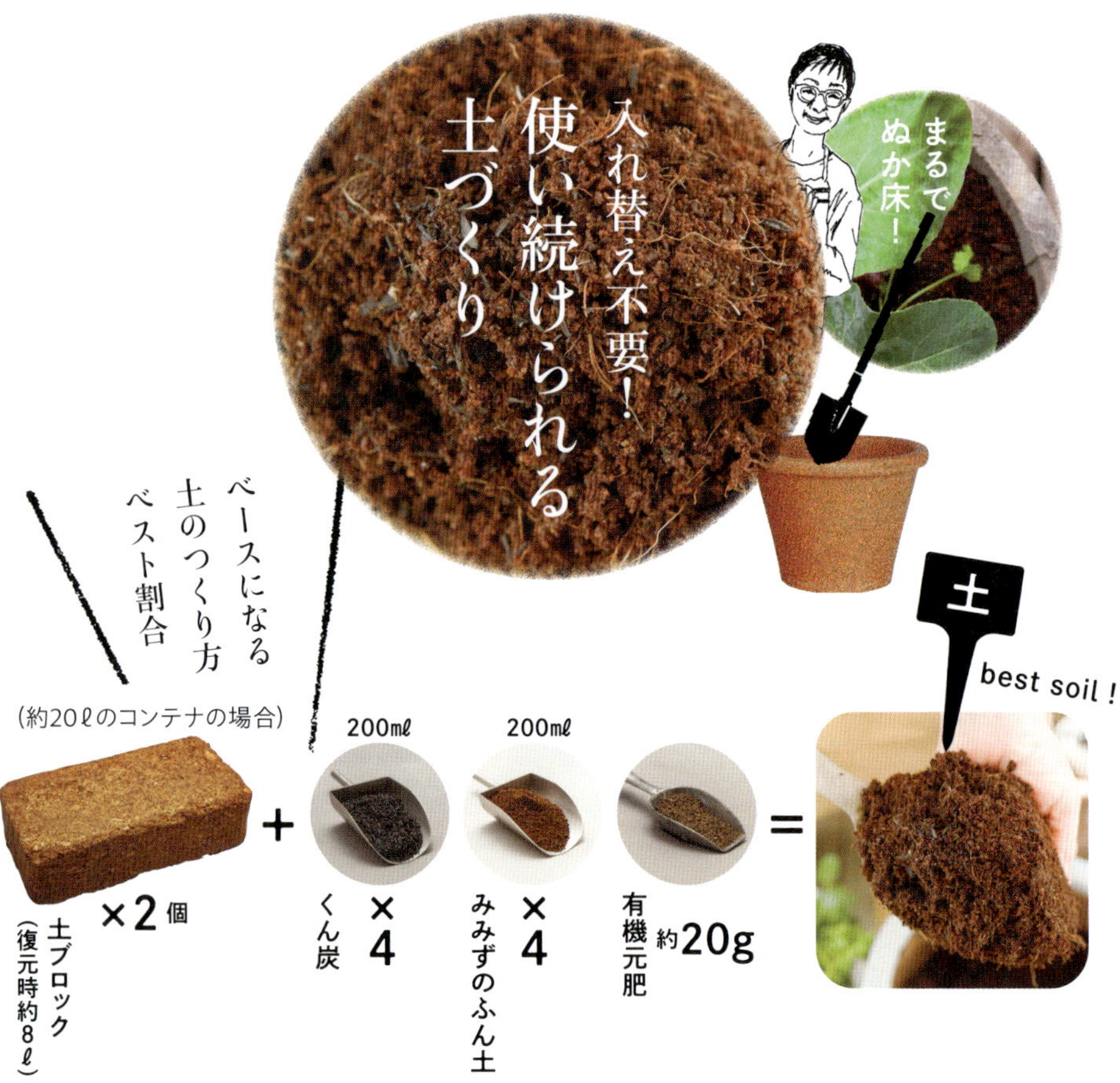

直径30×深さ30㎝のベジバッグ(P26)で育てる土づくりの例。ベスト割合は「ココヤシ100%の土9割：くん炭：0.5割：みみずのふん土0.5割」。今回、土は「土ブロック」を使用。元肥入りではない土を使う場合は、有機元肥を基準の規定量より少なめに加える。

すべての野菜はこの土から生まれる!

ベランダ寄せ植え菜園のベースとなる土をつくりましょう。10年以上使い続けている基本の土の黄金比は、「ココヤシ100%の土9割：くん炭0・5割：みみずのふん土0・5割」です。土の中の微生物は栄養分が少なめのほうがよく働くそうです。

ここでは「土ブロック」を使うやり方を紹介します。まずは水を加えて土にもどしてからスタート。土壌改良材のくん炭、みみずのふん土を加え、ポリ袋ごと混ぜればOK。手も汚れません。

step 1 「土ブロック」を入れる

大きめのポリ袋を二重にしてコンテナにセットし、使いたい分の「土ブロック」を入れます。ここでは復元時 8ℓのブロックを 2 個使用。

step 2 水を入れる

1 に規定量の水 6ℓを加えます。数分でふくらんできて、あっという間に土に変身。様子を見て水分が足りないようなら水を追加。

step 3 くん炭を入れる

16ℓの土に対し、200mℓ入りのスコップで、くん炭を 4 杯（800mℓ）程度入れます。

step 4 みみずのふん土を入れる

同様に 200mℓ入りのスコップで、みみずのふん土を 4 杯（800mℓ）程度入れます。

step 5 ポリ袋ごと土全体を混ぜる

元肥が入っていない土を使う場合は有機元肥も入れ、ポリ袋を左右前後に返しながら、全体を混ぜます。

step 6 握って水分量を確認し、できあがり！

すべて混ぜた土を握ってみて、手のひらで土のかたまりがふんわりホロホロとほどけるぐらいなら OK。土をポリ袋からコンテナへ移します。

土の中はこんな風になっている！

のびのび育った野菜の根っこを見てみると細かい根がびっしり。この根のおかげで、水やりを多少サボっても、風当たりの強いベランダでもしっかりと立っていられます。

植物が十分に根を張れるいい土とは、小さな隙間がたくさんある団粒構造と呼ばれる状態の土。ふかふかでさらっとしています。小さな隙間には空気や水が保たれ、根が発達。根のまわりの微生物が、植物が吸収しやすい養分に分解し、微生物も根から糖をもらって共生しています。わが家で愛用する「みみずのふん土」も耐水性団粒構造。コンテナの土に混ぜると、水の通りがよくなり、様々な養分も届けてくれます。

微生物が多くいる土を「生きた土」といいます。3年ほど使い続けるとそんな土となり、連作が難しいとされるトマトなどの野菜でも、同じ土をずっと使い続けることができるのです。

tips

みみずのふん土はこんなにすごい！

右側の小さなポットがみみずのえさ場で、外側の鉢やえさ場の下からみみずのふんを採取。外鉢では半日陰でも育つミョウガやミツバなどを育てている。

わが家では20年以上愛用する「みみずコンポスト」で、みみずのふんを採取しています。野菜くずなどを食べたみみずのふんは無臭で、植物が吸収しやすい形の養分を多く含み、しかも耐水性のある団粒構造が特徴。コンテナの土に混ぜれば土壌を中和して、わが家の土着菌も混ざり、より環境に適した微生物が育っていると思います。

みみずコンポストに植えた野菜に水やりをしたとき、鉢の下から流れ出てくる栄養たっぷりの水「コンポストティー」を集めて、何年も植え替えできないヤマブドウなどの鉢にあげている。

土のこと みみずのこと

左の写真は幅 52 ×奥行き 50 ×深さ 30㎝の脚付きコンテナ。元はアンティーク洗濯槽。脚にキャスターまで付いていて、コンテナとして使ってみたところ、移動がとてもラクで作業しやすいことを発見。右は幅 44 ×奥行き 44 ×深さ 36㎝の木製コンテナ。これくらいの大きさなら数種類の野菜とハーブを組み合わせて育てるリレー栽培が何年も楽しめる。

直径 30×深さ 30㎝のフェルト製ベジバッグ。トマトやナス、ピーマンなど長い期間実をつける夏野菜を植えるには、土がたっぷり入る深めのコンテナで。夏野菜は背丈が伸びる分、根もしっかり張れるよう、深さ30㎝は必要。直径 30㎝の円形で、表面積はそれほど広くないが、これぐらいあればメインの夏野菜1種類に、ハーブや葉もの野菜、花など2種類ぐらいの寄せ植えが可能。

深さ30㎝あれば寄せ植え栽培が楽しめる

ベランダが狭くて、小さなコンテナしか置けない場合でも、少なくとも容量が約20ℓのコンテナなら、野菜の寄せ植えは可能です。気をつけたいのが「深さ」。十分に野菜の根が張れるよう、深さが30㎝は必要です。30㎝あれば支柱が立てられるので、夏野菜とハーブの寄せ植えもできます。木製のコンテナや、持ち手の付いたフェルト製の「ベジバッグ」などが軽くて利用しやすいです。

中型の容量約50ℓのコンテナがあれば、夏はトマト、

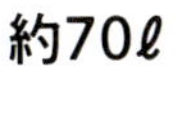

約70ℓ

立って作業できるのもポイント！

大型野菜の寄せ植えにも！

楽々動かせるもの

幅75×奥行き31×深さ36㎝の木製コンテナに、DIYでキャスター付きの脚を取りつけた。腰ぐらいまで高さがあると、立ったまま作業ができて腰も膝もラク。ハクサイ、キャベツなどの大型野菜も栽培でき、ニラやハーブも植えっぱなしOK。

木製コンテナにキャスター付きの脚を取りつける方法：イラストを参考に、①角材Aに2枚の板材B・Cを2か所ずつビスで固定。②ペンキを2度塗りして乾かす。③ビスでキャスターを取りつける。キャスターはベランダで滑らないようにストッパー付き。④木製コンテナの四隅に3か所ずつビスで脚を固定すれば完成。

冬はブロッコリーとリレー栽培を楽しみながら、「ミニ畑」として土も入れ替えずに、ずっと使い回しができます。

理想的なのは約70ℓの大型コンテナ。これひとつあれば、栽培期間の長い大型の野菜も数種類、植えっぱなしにできるハーブや花なども長く楽しめます。

コンテナはベランダにじか置きせず、台に置いたり、脚をつけたりして高くします。高さが80㎝くらいあるとしゃがむことなく、作業がラクになります。さらにキャスター付きなら移動も簡単で便利です。

Why is group planting good?

実践編 多様性に富んだ寄せ植えのメリット

merit 2

自然に近い環境が好影響を生む

一年草や二年草、多年草など成長のサイクルの異なるものを組み合わせるとより自然に近い環境で植物を育てるので、植物同士が助け合い、バランスをとります。

merit 3

根に共生する微生物の多様性が作用

植物の根には微生物が共生しています。異なる種類を寄せ植えすることで、様々な微生物が集まり、土の中の養分を分解したり、病害虫に対する抵抗力を高めます。

なぜ寄せ植えがいいの？

教えてたなかさん！

コンテナの「ミニ地球」で病気に強くおいしい野菜に

一緒に植えるといい効果をもたらす組み合わせを「コンパニオンプランツ」といいます。虫が好むコマツナなどのアブラナ科の野菜に、チョウや虫が嫌うレタスなどのキク科の野菜を一緒に植えると虫を遠ざけるようになります。また、ニラと夏野菜を一緒に植えると、ニラの根に共生する拮抗菌が病気を予防します。

野菜やハーブ、花などいろいろな植物が一緒に生きる土は自然界と同じ。土の中に様々な微生物が集まり、多様性が生まれます。

merit 1

土の中の養分バランスが整う

実を食べる野菜と、葉を食べる野菜では必要な養分が異なります。1品種だけを植えるより、様々な植物を組み合わせることで養分のバランスが整い、長期間使える土になります。

merit 4

植物の力でマルチング

「マルチング」とは土の表面を覆うこと。スペースが限られ、土の量もそれほど多くないコンテナでは、ハーブや花を植えることで土の乾燥を防ぎ、見た目も美しくなります。

ひとつの野菜だけを植えた土は、土の中の栄養素が偏ってしまいます。そこに実をつける野菜や、葉を茂らす野菜があると、それぞれが必要な養分を消費します。野菜だけでなく、生命サイクルの異なるハーブや花もあれば、それだけ根に共生する微生物の種類が増えて、土の中のバランスが整い、病気に強く、おいしい野菜に育ちます。

地球にはいろいろな生物がいて、それぞれの役割があるように、ひとつのコンテナが「ミニ地球」のようになると、いいことがたくさんあるのですね。

すべての基本となる植えつけ方

ニラやタイムとの寄せ植えで夏野菜を病害虫から守る

気候変動に対応して、夏野菜の苗も早めに出回るようになってきました。4月になったらトマトやキュウリを植えつけ、ピーマンなど暑さに強い野菜は、暖かい日が増えて気温が安定する5月初

ピーマンとニラ、タイムの寄せ植えを例に解説します。

step 1 鉢底石を入れる

通気性をよくするために、鉢底石を底面に入れて隙間をつくります。水切りネットに入れておくと、石が散らばらないので便利。

step 2 土を入れる

P22の入れ替え不要の土を、コンテナの8分目まで入れます。縁ギリギリまで入れると、水やり時に土が流れてしまうので注意。

step 3 全体に水をかける

ココヤシの土はふわふわしていて、アクも含まれているので、アク抜きのために最初に勢いよく、ざっと水をかけます。

step 4 手でならして土を足す

土に水をかけたら、土を手で押さえてならす。土がへこんだら8分目まで土を足します。

step 5 上部に穴を掘り、ニラを置く

中心よりもやや縁寄りに穴をあけ、ニラの根を伸ばして寝かせるように置きます。

旬に。

今回は容量20ℓのベジバッグに、ピーマンとニラ、タイムを植えつけます。ピーマンの代わりに、ミニトマトやナスでも同じ方法です。ニラもネギと同様に根に抗菌物質が含まれているので、微生物が豊かになり、病害虫も防いでくれます。根が重なるように植えればさらに効果的。

根が十分に張るためには土の中にも酸素が必要。植えつけた植物の根は、コンテナの側面方向へもよく伸びます。土を足すときは、コンテナの縁から入れて、根にしっかり届けましょう。

ピーマン苗の根を少し崩す

ポットから取り出したピーマンの苗の底に指を入れ、根を軽くほぐして、ニラを置いた穴に根を重ねて植えつけます。

タイムを植える穴をあける

縁ぎわにタイムを植える穴をあけ、コンテナのきわに土を寄せて根が張れるようにします。

タイムを植える

ポットからそっとタイムを取り出します。苗のまわりについた土を崩さないよう、根を軽くほぐして植えつけます。

株元に土を寄せて水やり

全部植え終わったら株元にしっかり土を寄せ、最後に水やりをします。水やり後に土がへこんでいるところがあれば、土を足します。

植えてから7日後のコンテナ。写真ではわかりにくいのですが、寝ていたニラもピンと起きています。ピーマンの支柱も立てました。

同じコンテナで野菜をローテーション。リレー栽培

長く楽しめます！

空いたスペースに野菜を追加するだけ

土の中の微生物に多様性が生まれると、土を入れ替えることなく、野菜づくりが続けられるようになります。

わが家には10年以上も同じ土で野菜づくりを続けているコンテナがあります。夏はミニトマト、冬はブロッコリーとリレーしながら栽培を繰り返しています。連作すると生育が悪くなるといわれるマメ

44×44cm
スクエアコンテナ

2023 autumn 秋

ネギ
ビオラ
ブロッコリー
タイム
イタリアンパセリ

トマトの収穫を終えたらブロッコリーにバトンタッチ。バジルの後はお役立ちのネギと華やかなビオラを植えた。

2023 spring 春

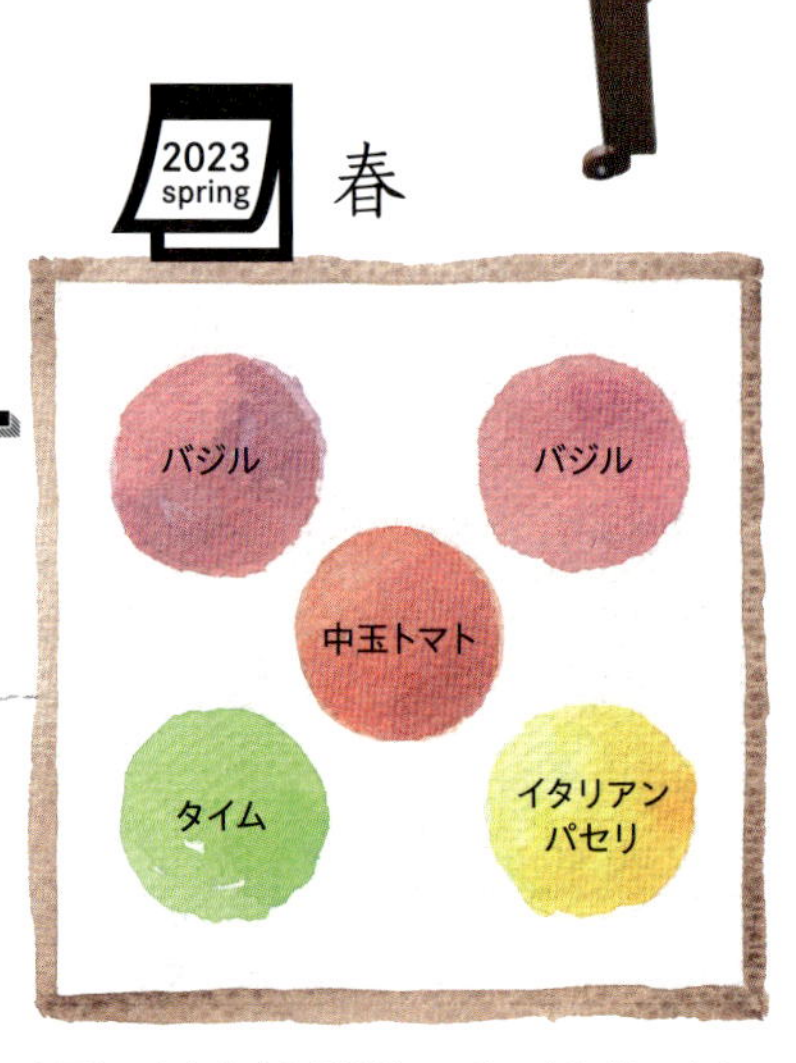

中玉トマトを中央に配置して、そのまわりにバジル、イタリアンパセリ、タイムなどのハーブを植えつけ。

多年草

二年草

一年草

科の野菜も同じ土で10年以上も栽培しています。

　リレー栽培といっても難しいことはありません。収穫が終わり、コンテナに空きスペースができたら、そこに「みみずのふん土」を入れて新しい苗を植えつけるだけです。

　空いたスペースに別の野菜を植えても、コンテナには他の野菜がまだ残っているので、土の多様性は保たれたまま、新しい苗の微生物もふえてより活動的になります。万一ひとつの野菜がダメになっても、寄せ植えのおかげで全滅まではしません。寄せ植えのよさを実感しています。

10年間使い続けた園芸日記。気温や作業のことなど、1行程度だけどわが家流の栽培暦に。

翌春

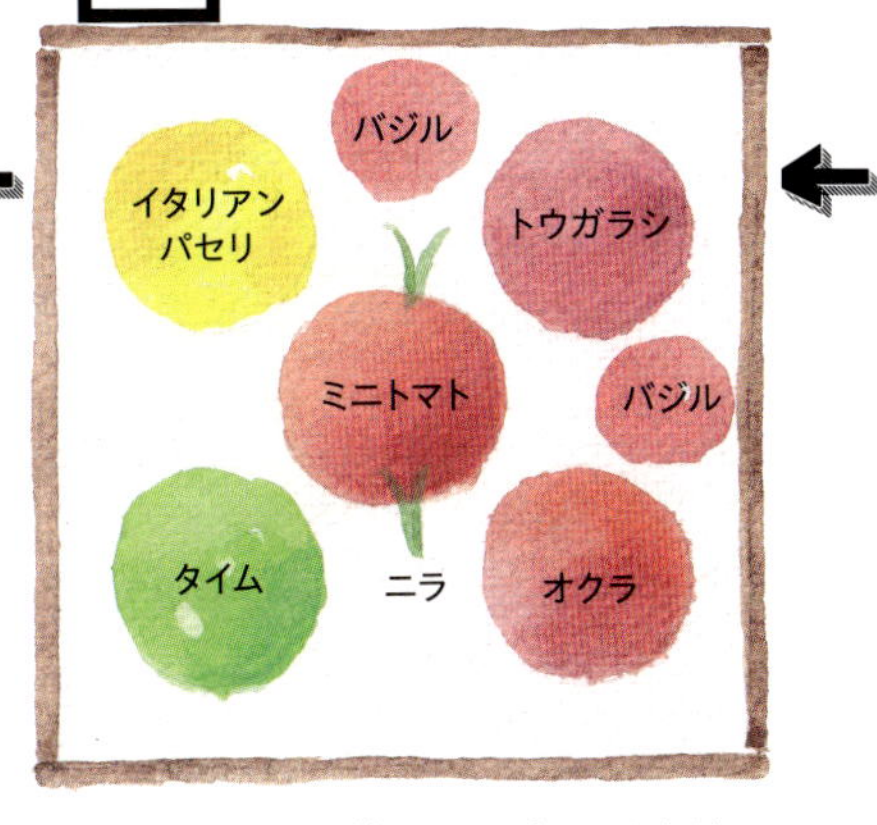

中央にはミニトマトを植えつけ、奥にはトウガラシとバジル、イタリアンパセリを。5月に手前のイタリアンパセリの花が咲いて終了したら、オクラの苗を植える。

翌秋

ミニトマトの後にはブロッコリーを植えつけ、11月にはエンドウの種をまく。収穫を終えたオクラとバジルの茎を支柱として活用。

猛暑でトマトが枯れてしまっても、オクラ＆トウガラシとその仲間たちの収穫が続く、チームワークのよい組み合わせ。

長く収穫できた野菜も いつかは終わりが。次につなげるための 終了の仕方

収穫後も根を残して 土の中の環境を保つ

これまでは収穫が終わった野菜は引き抜いて、根についた土と、先端の細かい根だけは土に戻していました。

現在は、収穫後もすぐには引き抜かずに、根と茎の部分を少し残して刈り取ります。葉が枯れて光合成をしなくなると、土の中の微生物は根っこを食べて生き延びます。根は微生物に分解され、2か月

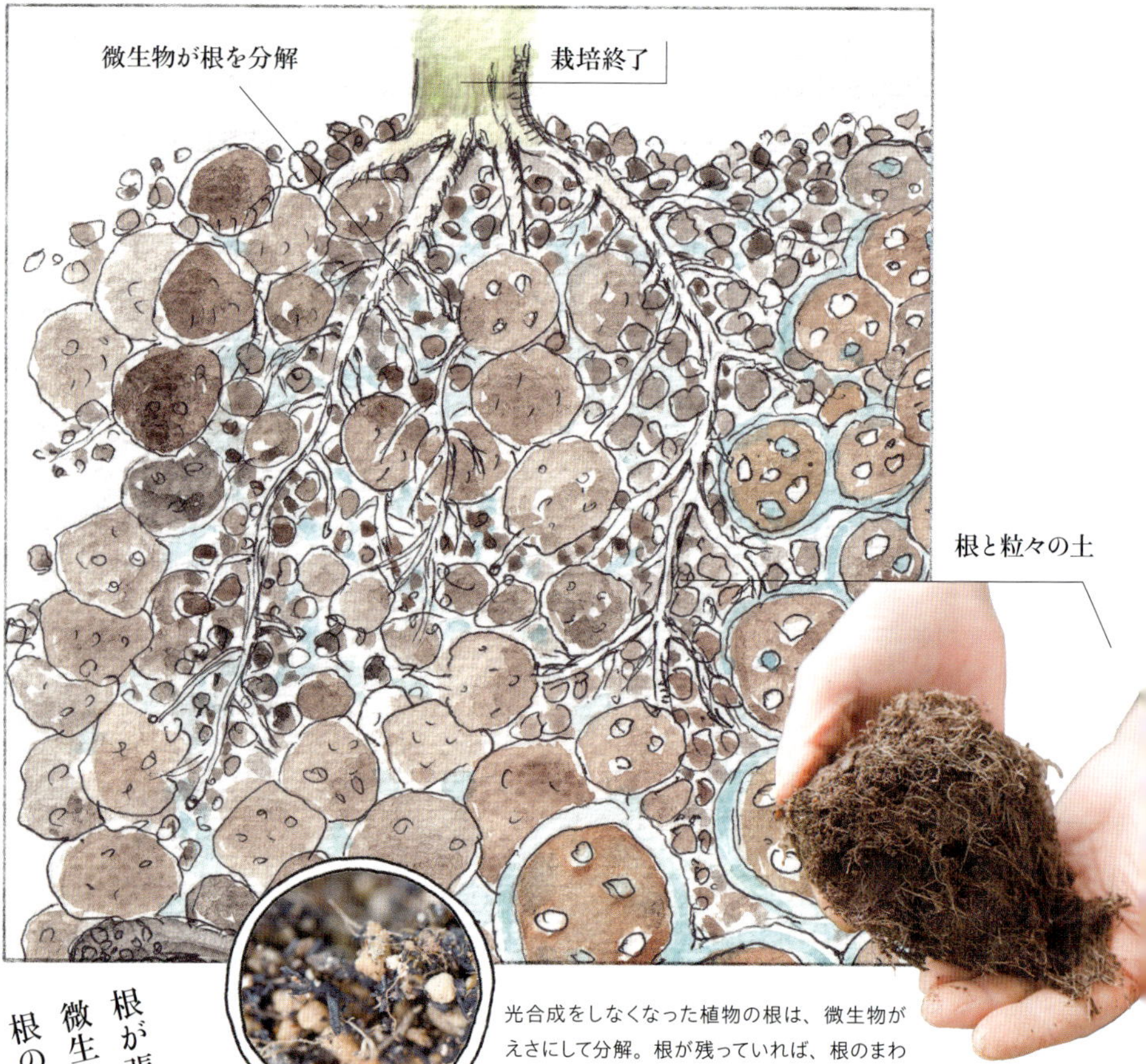

微生物が根を分解
栽培終了
根と粒々の土

光合成をしなくなった植物の根は、微生物がえさにして分解。根が残っていれば、根のまわりには粒々の土も隙間もあり、根がつくった水の道も残るので、ふかふかの土の環境は保たれます。

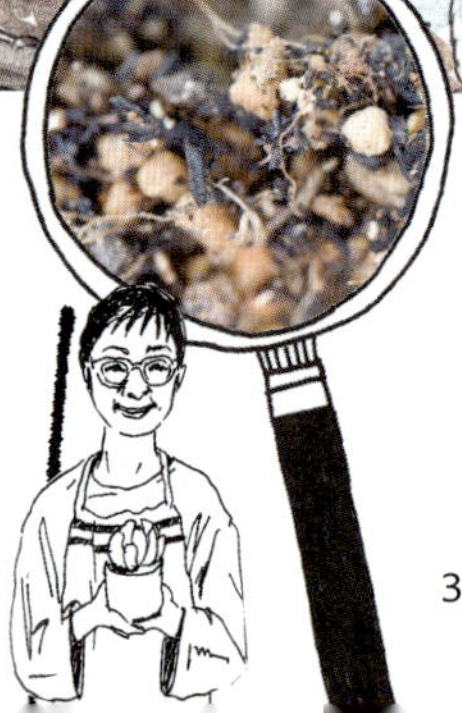

根が張った部分には
微生物がいる。
根の道ができている。

ほどで乾いてカラカラになり、軽く持ち上げるだけでスッと抜けます。そうすることで、根のまわりの微生物を残し、土の中の環境を崩さずに、ふかふかの土を維持できます。無理に引き抜かないので、残っている植物の根を傷めることもありません。

寒くなってきた11月、葉も縮んできたバジルがついに終わりを迎えます。バジルの根元を5㎝ほど残してカットしました。収穫が終わっても根っこごと無理に引き抜きません。

2か月ぐらいたってバジルの根を引き抜いてみました。根もほとんど残っておらず、簡単にスッと抜けるので、他に残っている野菜も浮き上がったりせず、土に影響がありません。

tips

栽培を終えたら茎を支柱にする

ピーマンやオクラが向いています。

ピーマンやオクラなど背丈のある野菜は、収穫後もそのまま残しておいて、エンドウなど他の野菜を支える支柱として活用します。小さなコンテナだと地上部をカットして根元だけ残しますが、大きなコンテナなら株ごと残して利用できます。

支柱にしていたピーマンを引き抜くところ。根はほとんどなく、ほれぼれするような黒い粒々の土がついていて、「がんばってくれたんだな」と実感。

スナップエンドウの支柱となり、立派な老木のようになったピーマン。

ベランダ菜園ならではの水やり

夏は朝と夕方　冬は午前中に

植物は太陽が昇ると光合成をするので、土が乾いていたら朝に水やりを。夏は朝と夕の2回、冬は寒い早朝を避けて午前中、3日に1度ぐらいを目安に。冬でも風の強い日は乾燥しやすいので注意。

植物とつきあっていると、葉や茎の先端を見るだけで、水が足りているかわかるようになってきます。

わが家のベストセレクション

ⓐ4ℓのジョウロはバランスがよく、ハス口を収納できるのがいい。ⓑ銅製の容量1ℓのジョウロは注ぎ口のカーブで水が緩やかに流れ、ハンギング鉢の水やりに重宝。ⓒ珍しい霧吹き付きのジョウロは種まきや植えつけ時に活躍。

ソラマメなどの実を育てる野菜は、花が咲くと急に水を欲しがるので、花が咲き始めて葉がぐったりしていたら水やりを。土が限られたコンテナでは植物がSOSのサインを出す。

ジョウロを使い、確実に土へ届くように水やりを。水やりで土の中の空気を押し出し、新しい空気に入れ換えるようなイメージで、鉢の下から水が流れ出るまでたっぷりと。

日当たりと風通しを考えた置き場所、置き方

夏と冬では日当たりが違ってくる

ベランダのベストポジションは日当たりがよく、風通しのいい場所。太陽の高さによって、夏と冬では日当たりも変わります。南向きのベランダでは、夏はフェンスぎわに日がよく当たり、冬は家屋に近い側の日当たりがよくなります。ご自宅のベランダを観察してみましょう。

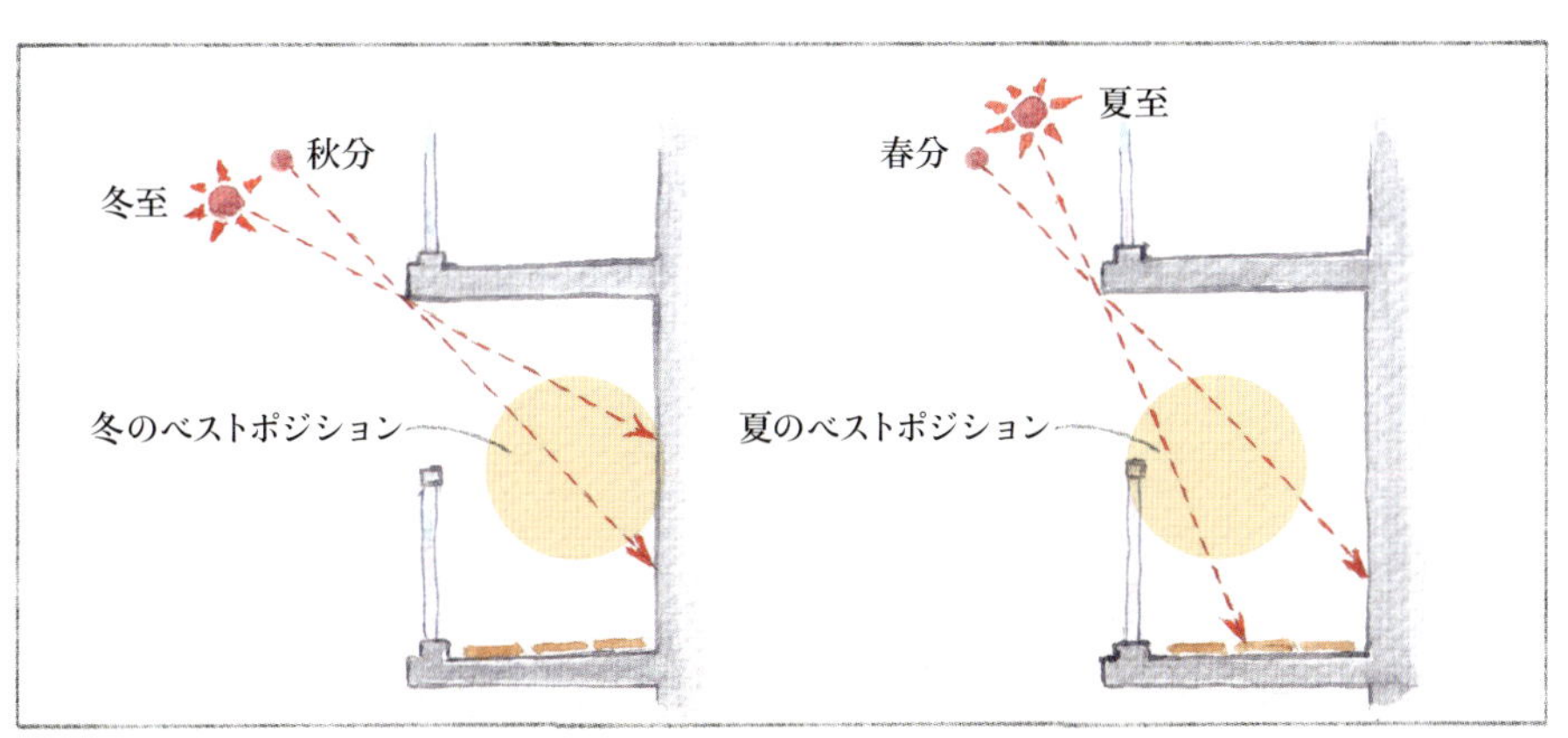

コンテナはベランダにじか置きすると日当たりも通気性もよくないので、S 字フックを使ってハンギング鉢をつるしたり、鉢台や棚にのせたりする。しゃがまずに作業ができる。

ベランダ菜園を愉しくする小道具たち

細々とした作業が多い野菜づくりも、お気に入りの道具があれば、もっと楽しくなります。目盛り付きの移植ゴテ、みみずを傷つけない丸形スコップ。便利なのはもちろん、たたずまいが美しいから、置いておくだけで絵になります。ブリキなどの道具は使ううちに手になじみ、味わいが増して愛着も湧きます。ベランダ菜園の相棒として、長くつきあいたいですね。

左／剣先タイプの移植ゴテは苗の植えつけや掘り起こしに便利。丸形・筒形の土入れは土を足すときや肥料やりに使います。用途に合わせて使い分けを。
下／花がら入れのブリキボックス。咲き終わった花や、黄色くなった葉を見つけたらすぐに摘み取って入れます。夜に現れる虫対策に懐中電灯なども手の届きやすい場所に。

種まき用の新聞ポット。紅茶缶に新聞を巻いて手づくりしたもの。ポットごと植えつけることができる。

長年愛用の園芸バッグと、作業時の膝汚れ＆痛み防止のためのニーマット。バッグはポケット付きで収納力もあり、ひも、誘引クリップ、小バサミ、スコップなどを入れて持ち歩ける。

PART II

SEASONS

春夏秋冬のベランダ寄せ植え菜園

2種のトマトと、2種のハーブ。
ともに育てて、ともに味わい、
秋にはブロッコリーへバトンタッチ。

tomato
+
basil
italian-parsley
broccoli
green onion

春

宝石のような美しさととりたてのおいしさに魅せられて、毎年育てているトマト。試行錯誤を続けながら寄せ植え&リレー栽培に。大きめのコンテナで中玉&ミニの2種類を育て、8月半ばにミニはブロッコリーへバトンタッチ。元気な中玉は残し、秋以降の再収穫へ。

寄せ植えするのはイタリア料理でおなじみのバジルとイタリアンパセリ。水分と養分のバランスを整えて土を豊かにし、互いをおいしく育てます。お皿の上だけでなく、土の中でも相性抜群のベストフレンドです。

4月中旬～5月上旬、トマトの一番花を目安にハーブと植えつけ。

ブロッコリーとリレー栽培

土が50ℓ以上入る大型コンテナに寄せ植え。中玉・ミニトマトとバジルを日当たりのいい位置に植える。イタリアンパセリは半日陰でもOK。8月後半、中央にブロッコリー、手前にネギを植えつけ。

52×50×深さ30㎝

初夏
20日あまりでぐんぐん成長

成長が早いトマトは植えつけから20日ほどでこんなに大きく。この時期はわき芽をこまめに摘むのがポイント。わき芽を摘んで茎を太くすることで栄養が行き届き、実つきがよくなる。

7～8月
赤くなった実を少しずつ収穫

7月に入るとトマトの実が色づき始め、収穫がスタート。バジルやイタリアンパセリも順次収穫。葉が小さいほうがやわらかくおいしい。繁殖力旺盛なバジルは草丈50㎝で摘芯する。

8月後半
暑さが残るうちにブロッコリー苗を

猛暑で元気のないミニトマトは早めに撤収し、中央にブロッコリーとネギを植えつける。中玉トマトと二年草のイタリアンパセリ、一年草のバジルと一緒にブロッコリーを栽培。

育て方のコツ

tomato

point lesson

植え方とお手入れ

苗は最初の花（一番花）のつぼみがふくらむころから咲くころに植えつけを。支柱に誘引してぐらつきを防ぐことで根が張り、水分や養分を吸収しやすくなります。わき芽の成長に養分が使われてしまうと実が大きくならないので、わき芽はこまめに摘み取って。

トマトは水を控えると甘くなるといわれていますが、土が限られたコンテナでは、土が乾いたら水やりを。追肥は最初の実がつくまで与えなくて大丈夫です。ぐんぐん伸びる茎を誘引し、黄色くなった葉を摘み取って日当たりと風通しをキープします。

根鉢をほぐす

購入したばかりのポット苗は根がかたまっていたり、巻きついていたりすることも。根鉢（根と土がひと塊になった部分）の底の中心に人さし指を軽く入れ、外に向かってそっと広げると根が張りやすくなる。

支柱にひもで誘引する

ひもは必ず8の字で

成長が早いトマトは、植えつけ時から仮支柱（約40㎝）を。茎に麻ひもをかけて2～3回ねじり、8の字にして支柱側で結ぶ。茎が太くなると擦れて傷がついてしまうのでゆるめに結ぶのがコツ。

わき芽を摘む

茎と葉のつけ根から出るわき芽は小さいうちに指で折るようにして摘む。細菌が入らないよう晴れた日に清潔な手で行う。

35℃以上の日が続くとトマトは受粉できずに花が落ちる高温障害に。しかし、9月になって茎からわき芽が出てきた中玉トマトは再び実がつきました。枯れて栽培を終了したミニトマトは茎を10cmほど残して切り、撤収。1か月ほどおくと根が分解されて茎が抜きやすくなります。

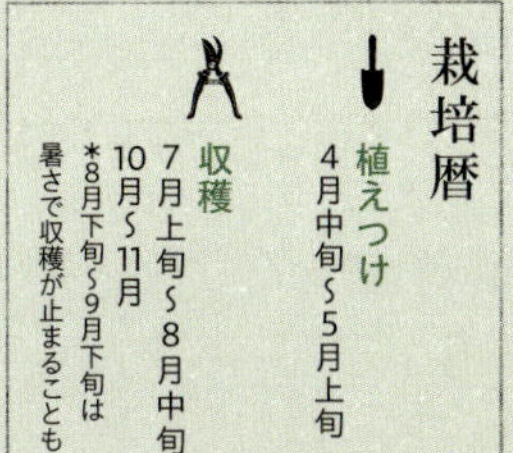

栽培暦

植えつけ
4月中旬～5月上旬

収穫
7月上旬～8月中旬
10月～11月
*8月下旬～9月下旬は暑さで収穫が止まることも

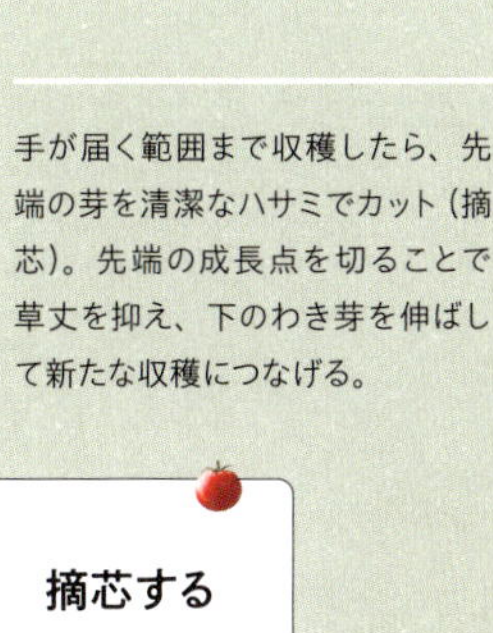

摘芯する

手が届く範囲まで収穫したら、先端の芽を清潔なハサミでカット（摘芯）。先端の成長点を切ることで草丈を抑え、下のわき芽を伸ばして新たな収穫につなげる。

清潔なハサミでカット！

本支柱を立ててさらに誘引

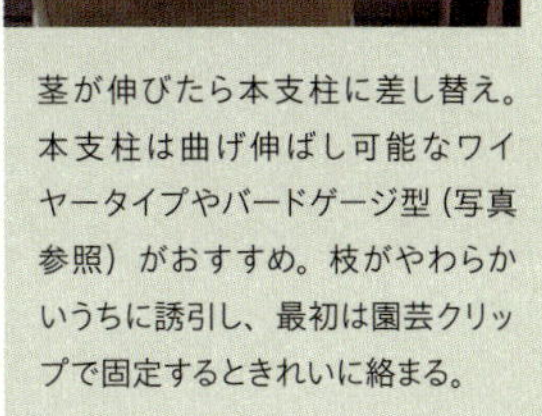

茎が伸びたら本支柱に差し替え。本支柱は曲げ伸ばし可能なワイヤータイプやバードゲージ型（写真参照）がおすすめ。枝がやわらかいうちに誘引し、最初は園芸クリップで固定するときれいに絡まる。

ミニトマト終了。ブロッコリーを植える

ミニトマトを撤収し、中央にブロッコリー、手前にネギを植えつけ。ブロッコリーは暑い時期に植えたほうがよく育つので、9月上旬までに植えつけを。中玉トマトとバジルは収穫が続くかぎり残し、トマトの茎からわき芽が出たら残して育てても。

収穫の愉しみ

7月に入ると、いよいよ収穫スタート。最初は赤く色づいたものからひとつずつ、最盛期になったら房ごと収穫も可能に。雨に当たって実が割れてしまわないよう、収穫は天気も見ながらタイミングよく行います。

完熟を待つ間は、たわわに実ったトマトを太陽の光越しにじっくりと観察。ピンと張った王冠のようなガク、金色に輝く産毛、緑から赤にかけてのつややかなグラデーションと、まるで宝石のよう。自分で育てるからこそ見つけられる野菜の美しさがあります。

column

リレー野菜は他にもいろいろ。カレンデュラやナスタチウムもおすすめ。

ミニトマトはカレンデュラやナスタチウムといった花とも好相性。菜園が華やかになるだけでなく、食用花なのでサラダやサンドイッチなどでおいしく食べられます。それぞれの植えつけ適期に合わせて、寄せ植えやリレーを楽しんで。

中玉の「超スィートトマト」と、ミニの「超スィートミニレッド」を収穫。ベランダでも育てやすく、驚くほど甘い！　「ビタミンエース」（中玉）、「アイコ」、「千果」（ともにミニ）もおすすめ。暑さに強い品種選びもポイント。

とりたてのつやつやトマトは水で洗って氷水で冷やし、そのままパクッと頬張るのが一番。プチッと弾ける食感、ジュワ〜ッとあふれ出す甘みと酸みに夏を感じます。たくさんとれたらファルシーやセミドライトマトに。うまみが凝縮され、また違ったおいしさになります。一緒に育てた野菜たちを一緒に料理して味わう。これぞ、寄せ植えならではの愉しみです。

たなかスタイル 食べる愉しみ

中玉トマトのファルシー

①オリーブ油でみじん切りのニンニクを弱火で炒め、パン粉とみじん切りのバジルを加えてきつね色になるまで炒める（冷凍保存可能）。②トマトのヘタを切り落とし、中をくりぬいてチーズを詰める。③①のバジルパン粉とオリーブオイルをかけてオーブンで焼く。④バジル、イタリアンパセリの葉をのせて完成。

ミニトマトで セミドライトマト

こんな方法も！

秋になったらブロッコリーと一緒に収穫してパスタに。

セミドライトマトの作り方①ヘタを切り落として縦半分に切り、切り口に塩をうっすらとかけて水分を出す。②ニンニクを漬け込んだオリーブオイルをかける。③網に並べて100℃のオーブンで1〜2時間ドライ。②のオイルに漬けて保存。

ネギとタイムに守られ健やかに。
ダイナミックで若さ弾ける、
夏野菜のトップバッター。

キュウリ

cucumber
+
green onion
italian parsley
creeping thyme

春

キュウリは夏野菜の中で最も成長が早く、4月中旬の植えつけで6月上旬には収穫スタート。品種は大きく3タイプありますが、初めてなら整枝がしやすく、あんどん仕立てで育てられる「節なり型」「中間型」を。

収穫期にはぐんぐん水を吸い、朝夕で数cmも大きくなるキュウリは「若どり」がお約束。花つきミニキュウリのかわいさやパリッとみずみずしい食感は家庭菜園ならではの愉しみです。

寄せ植えするネギの抗菌作用で病気を予防し、株元にタイムを茂らせて、若さとみずみずしさをキープ！

ルッコラとリレー栽培

4月中旬に、イタリアンパセリ、クリーピングタイム、キュウリ「夏すずみ」＋ネギを一緒に植えつけ。

大型コンテナとオベリスク（もしくは180㎝ほどの支柱4本）を用意。縁に沿ってイタリアンパセリ1株、タイム2株を植え、中央にネギ2株（リボベジでもOK）とキュウリ1株を植えつける。秋にはルッコラにリレー。

直径40×深さ30㎝

植えつけから12日後
キュウリからツルが出る

植えつけから12日でこんなに大きくなり、ツルもぐんぐん伸びている。イタリアンパセリは上方向に、タイムは花を咲かせながら葉を茂らせ、土の表面をカバー。

6月上旬
一番果の収穫

草丈が伸びてきたら、オベリスクにツルを誘引してあんどん仕立てに。成長の早いキュウリは花が咲いて1週間〜10日で食べごろに。6月上旬には初収穫！

9月中旬
キュウリ終了
イタリアンパセリとタイムは栽培継続
他はリレー野菜へ

葉が黄色くなり実がつかなくなったら栽培終了。10月下旬にルッコラ&ビオラへリレー。タイムはそのままか別の鉢へ移植を。

育て方のコツ

cucumber point lesson

植え方とお手入れ

栽培初期からたっぷりの水を必要とするキュウリ。根張りが浅いので水分蒸散を防ぐためのマルチングは欠かせません。一方、湿気に弱く、梅雨時期はうどんこ病などの病気にかかりやすい傾向も。抗菌作用のあるネギを寄せ植えし、整枝や摘芯をタイミングよく行って、通気性をキープします。

1株に雄花と雌花が咲き、雌花のつけ根についた実が自然と大きくなるので人工授粉は不要。ただ、日光・肥料不足だと雄花ばかり咲いてしまうので気をつけて。

こまめな手入れは必要ですが、コツを押さえれば、目に見えるほどダイナミックな成長で応えてくれる、育てがいのある野菜です。

本葉3～4枚で若苗を定植

中央に植え穴を作り、ネギを左右に1株ずつ置いて、上から根が重なるように植えつけ。ネギの根につく拮抗菌にはキュウリの病害虫を防ぐ役割が。植えつけ後は苗が倒れないように仮支柱を。ハーブ類は先植えでも後植えでもOK。

下位6～7節目までのわき芽を摘む

cut

最初の6節目（本葉6枚）までにつく雌花やわき芽（小ヅル）は全て摘み取り、主枝（親ヅル）の成長を促進。6節目以降はそのまま雌花を咲かせて実をつけさせる。

園芸クリップでツルを誘引

「夏すずみ」は主枝（親ヅル）雌花率が高い！

オベリスクはなるべく早めに立て、間にひもをかけてツルを絡ませる。ある程度形になってきたら、ツルは園芸クリップで留めればOK。実を収穫したら下の葉を摘み、ツルを少しずつ下ろしていく。

栽培暦

植えつけ 4月中旬〜5月上旬

収穫 6月上旬〜9月中旬

タイムは梅雨時期になると葉が混み合い、蒸れて枯れてしまうので、収穫ついでにこまめに剪定。枝のつけ根にハサミを入れ、枝と枝の間が空くように大胆にカット。

親ヅルが背の高さを超えたら先端をカット（摘芯）して、成長をストップさせる。これにより子ヅルがどんどん伸びて、再び実がつくようになるので、もったいないと思わずに潔く。

子ヅルは雌花（つけ根に小さな実がついているほう）の手前の葉を2枚残してハサミで先端をカット（摘芯）。栽培後半は様子を見ながら子ヅルを伸ばしていく。日が当たる葉を残し、陰になる葉や元気のない葉は清潔なハサミで潔くカットして通気性と日当たりをキープ。

実がぐるんと曲がっていたり、実の先端が細くなっていたら水分・養分が不足しているサイン。特に栽培後半になると暑さや株疲れで変形しやすいので、活性液で根に活力を与える。

収穫の愉しみ

cucumber

収穫期になると朝夕で目に見えてサイズアップするキュウリ。とり遅れるとあっという間に巨大化して「おばけキュウリ」に。「夏すずみ」のようなミディサイズでも15㎝ほどで若どりしていくと、株疲れせず、次々と実がなります。トゲがチクチクと痛いぐらいが食べごろ。シャキッとした歯ごたえとみずみずしさが愉しめます。

キュウリを収穫したら必ず作るのが、英国式のキューカンバーサンドイッチ。かつて英国ではキュウリは高級食材

右 / 家庭菜園の人気品種「夏すずみ」(中間型) の収穫。
上 / とりたてのキュウリと、一緒に収穫したイタリアンパセリ、タイムをお皿の上に。調理の前にじっくり観賞。

column

こんな品種もおすすめ 半白の「椎葉村キュウリ」

宮崎県椎葉村の在来種で、半白の実に黒いトゲ、太く短い形、キュウリ本来のパリッとした食感が魅力。ツルが広がるので、ネット誘引でグリーンカーテンに。

とされ、貴族が好んだことからアフタヌーンティーのおもてなしメニューになったそう。キュウリだけを使ったみずみずしい味わいが紅茶にマッチし、緑の美しい断面も堪能できます。ビールのおつまみには「キュウリの冷え辛」を。大きめの乱切りにすることで食感が引き立ち、箸が止まりません！

寄せ植えで育てたイタリアンパセリやタイムもキュウリを収穫するたびに少しずつ収穫。葉の形がかわいいので、キッチンやテーブルに飾るといいアクセントに。料理にもさっと使えて便利です。

enjoy cooking

みずみずしい味わいが紅茶によく合う。

キューカンバーサンドイッチ

①サンドイッチ用食パン６枚に対しキュウリ２本を用意し、縦半分に切ってから薄くスライス。②塩コショウして 20 分おき（お好みで酢を少しなじませても）、ペーパータオルで水けを取る。③パンにバターをぬり、スライスしたキュウリを少しずつ重ねながらきれいに並べ、パンではさむ。④並べたキュウリに対して垂直にカットすると美しい断面に。

たなかスタイル 食べる愉しみ

キュウリの冷え辛

①キュウリ２本は皮を縞目にむいて、大きめの乱切りに。②ビニール袋に①、しょうゆ大さじ1、削りがつお適量を入れて軽くもみ、冷蔵庫で冷やす。③お好みで一味唐辛子をふって召し上がれ。

たっぷりの水と肥料、花のちからで
つややか、ふっくら、たわわな実り。
2度の旬を味わい、ソラマメへ華麗にリレー。

eggplant
+
marigold
cuphea
sweet alyssum
viola
fava bean

春

「水で育てる」「肥料食い」といわれるナスですが、手間をかけても育てたいほど魅力たっぷり。光るほどのつや、ふっくらフォルムは見ているだけで幸せな気分に。下向きに咲く花も神秘的な美しさ。そこにはナスの生きる知恵と栽培のヒントが隠されています。

寄せ植えするのは「太陽の花嫁」の異名を持つマリーゴールド。特有の香りで虫を遠ざけ、花がらは緑肥にも。夏と秋、2度の旬を愉しんだらソラマメへリレー。花も一緒に植え替えて春を待ちます。

4月下旬～5月中旬、ナス「千両二号」とマリーゴールドを一緒に植えつけ。

ナスからソラマメへ、花たちもリレー

ナスは枝が横方向に広がるので横長コンテナが最適。縁にマリーゴールドとクフェアを、中央にナスを植えつける。11月にナスの栽培が終了したら、ソラマメへリレー。マリーゴールド&クフェアもスイートアリッサム&ビオラへと植え替える。

マリーゴールドの香りで虫を遠ざけ花がらは緑肥に

実がつき始めたら朝夕2回の水やりが日課に。追肥のタイミングは花を観察して。マリーゴールドは特有の香りで虫を遠ざけ、花がらは緑肥にも。カバープランツのクフェアで水分の蒸散も和らげる。

秋ナスの後にソラマメをまくスイートアリッサムとビオラで華やかに

秋ナスの栽培終了後は根を引き抜き、株元を掘り起こしてから元肥を混ぜ、ソラマメをじかまき。宿根草のスイートアリッサムが咲きだし、さらにビオラも寄せ植えに。

冬を乗り越え伸びだすソラマメ花々が咲き誇る

冬の間に少しずつ成長するソラマメ。発芽したら元気な2株を残して、分枝する茎を剪定して4本に。3月になるとソラマメの花も開花。花たちの共演を愉しみつつ、5月にソラマメを収穫（育て方はP132参照）。

育て方のコツ

eggplant

point lesson

植え方とお手入れ

「水」と「肥料」がナス栽培の2大ポイント。水やりは、植えつけ後は1日1回、実がつき始めたら朝夕2回たっぷりと。クフェアなどのカバープランツで土からの水分蒸散も和らげます。

　肥料は、実がつき始めたら有機置き肥を与えますが、「肥料食い」のナスには足りないことも。追肥のタイミングはナスの花を見れば簡単にわかります。

　ナスの花は雌しべが雄しべより長いため、効率よく受粉できるように下を向いて咲くと考えられています。雌しべが雄しべより長ければ栄養は足りていて受粉もスムーズ。一方、雌しべが雄しべより短いと栄養不足で受粉しにくいので有機置き

一番花が咲きだすころが植えつけどき

コンテナの縁にマリーゴールドとクフェアを植えつけ、中央にナスの植え穴を作って元肥を入れ、根鉢をやさしくほぐして植えつけ。枝が横に広がるので支柱は2本用意し、株元から20㎝ほどの高さでクロスして麻ひもで固定。

一番花は潔く摘む

一番花が咲いたままだと主枝が太くならず実がつきにくいので潔くハサミでカット。一番花のすぐ下のわき芽はそのまま伸ばして2本仕立てでコンパクトに。

摘み取るわき芽を見極める

一番花のすぐ下のわき芽を伸ばし、それ以下のわき芽は清潔な手で早めに摘み取る。枝を支柱へ誘引し、ゆるめの8の字で結びつける。2番目以降の花はそのまま咲かせてOK。

肥を水で溶かした速効性のある液体肥料を与えます。

他にもお手入れのポイントはいろいろありますが、植物の出す小さなサインが栽培の大きなヒントになるので、観察は欠かさずに。

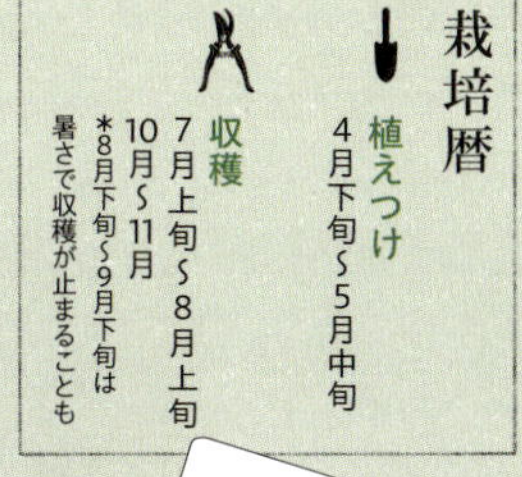

栽培暦

植えつけ
4月下旬〜5月中旬

収穫
7月上旬〜8月上旬
10月〜11月
*8月下旬〜9月下旬は暑さで収穫が止まることも

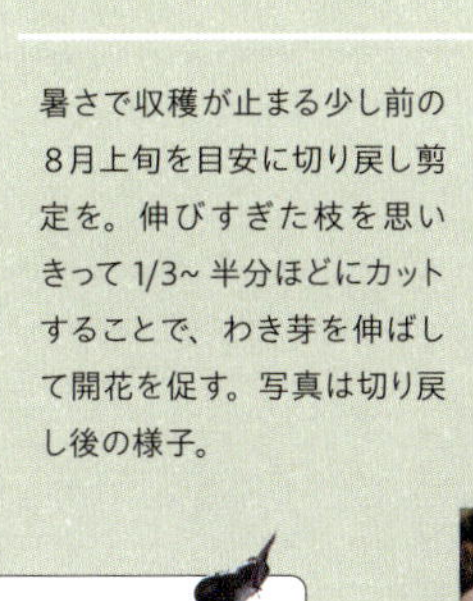

暑さで収穫が止まる少し前の8月上旬を目安に切り戻し剪定を。伸びすぎた枝を思いきって1/3〜半分ほどにカットすることで、わき芽を伸ばして開花を促す。写真は切り戻し後の様子。

株まわりに有機置き肥を

思いきった切り戻しも！

小さめで収穫、追肥は花を見て

実がつき始めたら有機置き肥を株元に与える。花を観察し、雌しべが雄しべより短ければ肥料不足のサインなので液体肥料を。最初の3〜4個は小さめで収穫することで株疲れを防止する。

10日後

再び花が咲きだし、葉にも勢いが！

切り戻し後はわき芽が出て、花が咲き、葉もどんどん伸びて見事に再生。9〜11月にかけて秋ナスの収穫を愉しみ、葉が小さくなってきたら栽培終了。ソラマメの種まき準備を。

収穫の愉しみ

花が下向きに咲くことで効率よく受粉するナス。咲いた分だけ実がつくことから「親の意見と茄子の花は千に一つも無駄は無い」ということわざが生まれたほど。実際には100％ではないものの、かなりの高確率なので、ベランダ菜園でも、たわわな実りが期待できます。

品種も豊富で、定番の中長ナスをはじめ、長ナス、小ナス、丸ナス、白ナス、イタリアンナスなど、ビジュアルも味わいも個性豊か。中でも育てやすいのが親指ほどのサイ

上 / ふんわり食感で麻婆茄子にぴったりな長ナス「マー坊」。右上 / 育てやすくておいしい小型の薄皮丸ナス「ひとくちなす」。ガクのグラデーションに惚れ惚れ。右下 / イタリア生まれの品種「カプリス」は縞模様と緑色のヘタがおしゃれ。果肉は白く、加熱すると甘くとろっとしてペーストにすると絶品！

column

マリーゴールドの花がらを緑肥に

夏の間、菜園を彩り、ナスの虫よけとして活躍してくれたマリーゴールド。枯れてしまった花がらは、ほぐして土にすき込めば緑肥に。

ズで収穫する小ナス。小さいため皮がやわらかくてアクも少なく、まるで水ナスのようなみずみずしさです。

7～8月にかけて収穫する夏ナスと10～11月にかけて収穫する秋ナスでは、同じ土・同じ品種でも、また違った味わいになるから不思議。生で、蒸して、焼いて、揚げてと調理法によってもおいしさは変幻自在。ナスの魅力は尽きることがありません。

育てやすい小ナス

3～5㎝程度でたくさん収穫できる小ナスはコンテナでも育てやすく、ビギナーにおすすめ。皮が薄く、とりたてはアクも少ないので、水ナスのように生で食べてもおいしい!

たなかスタイル 食べる愉しみ

ナスの冷え冷え

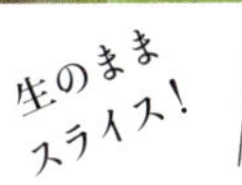

軽く塩をふり、2時間ほどでおいしい浅漬けが完成!

中長ナスを丸ごとラップで包み、600Wのレンジで1~2分加熱。氷水でよく冷やしてから手で割き、酢醤油でいただく。暑い夏の日のおかずやおつまみに最高!

ショウガ

葉ショウガ、新ショウガ、根ショウガと、3度おいしい！
土が豊かになるから、冬野菜もすくすく育つ。

夏野菜としては影の薄いショウガですが、じつはいいことずくめ。高温多湿と適度な日陰を好むので日照時間の短いベランダでも育てられ、植えつけ前の芽出しさえすれば後は手間いらず。時期をずらして少しずつ収穫していけば、葉ショウガ、新ショウガ、根ショウガと3度愉しめます。役目を終えた種ショウガも薬味として活躍。細かく張り巡らされた根が土を豊かにしてくれるので、後作の野菜もすくすく。種から根までムダなく使いきり、野菜も土も人も元気にしてくれる働き者の野菜です。

九条ネギのリボーンベジタブル（再生野菜）と葉ものを寄せ植えした後に、ショウガを植える。

葉ショウガを収穫した後のスペースに「ロマネスコ」を定植

栽培期間は7か月。収穫は夏秋冬の3回

4月下旬、香味野菜や葉ものを育てていたコンテナの中央に種ショウガを植えつけ。九条ネギは収穫が続くかぎり残し、8月に葉ショウガを収穫。9月にカリフラワーの仲間のロマネスコを植えつける。10月頭に新ショウガ、11月下旬に根ショウガを収穫し、12月末にロマネスコを収穫。

真夏の暑さは平気だけど直射日光は苦手

種ショウガの芽出し（P60参照）をしてから4月下旬に植えつけ。後々増し土をするので、土の量はコンテナの縁から6㎝くらいまでの高さに抑える。まっすぐに伸びる茎と笹のような形の葉が涼しげ。

葉ショウガを収穫したらロマネスコを定植

種ショウガを植えつけてから約3か月、草丈が35㎝ほどになったら、間引きも兼ねて半量ほどを葉ショウガとして収穫。空いたスペースを利用し、9月にロマネスコの苗を植えつける。

クリスマスにロマネスコを収穫葉野菜へリレー

11月下旬の根ショウガの収穫と同時に種ショウガも掘り起こす。クリスマスごろにロマネスコを収穫したら土と肥料を足して、再び葉ものへリレー。

育て方のコツ

ginger point lesson

植え方とお手入れ

株間15～20㎝、深さ8㎝の植え穴を掘り、芽を上にして置いて土をかけます。

植えつけて、土が乾いたら水やりしながら育てること約3か月。草丈が35㎝ほどになったら葉ショウガとして収穫。増し土と追肥を行い、空いたスペースにロマネスコを植えつけます。残りの株もどんどん育ち、10月頭には新ショウガ、11月下旬には根ショウガが収穫できます。種ショウガもすべて掘り起こし、7か月にわたる栽培が終了。残った根はそのまま土の栄養となり、後作の野菜も元気に育ちます。

芽出しの作業は室内で

種ショウガを約80gずつに分割し、1～2日風通しのいい場所で切り口を乾燥させる。コンテナの土の上に並べて軽く土をかぶせ、水で土を湿らせてからビニールシート（または新聞紙）をかける。気温20℃以上の明るい窓際に置き、土が乾いたら湿らせながら芽が出るまで2週間から1か月待つ。

間引きを兼ねて葉ショウガを収穫

新ショウガの収穫

草丈35㎝ほどになったら、間引きも兼ねて葉ショウガとして収穫。少し掘り起こし、白くふくらんだ新芽をポキッと折って、土を3㎝ほどプラスする。10月になると残りの株がさらに成長。新ショウガとして収穫を。

葉ショウガの収穫と増し土&追肥

葉ショウガ

種ショウガ

新ショウガの根

収穫後、土の中に残った根はそのままでOK。白い根に細かい土の粒々が！ 微生物と協力しながら土を豊かにしてくれる大切な根。

収穫の愉しみ

ginger

色彩が美しくやわらかな葉ショウガ、香り豊かで爽やかな辛みを持つ新ショウガ、ピリッと辛い根ショウガ。移りゆくおいしさを愉しみます。

とりたてをお味噌で！

葉ショウガは味噌をつけて食べたり、甘酢漬けにして焼き魚にあしらったり。辛みは控えめでみずみずしい！

たなかスタイル 食べる愉しみ

新ショウガのジンジャーシロップとジンジャーハニー

スライスした新ショウガと同量の砂糖・水を鍋に入れ、半量になるまで弱火で煮れば完成。シロップは冷蔵保存し、お湯や炭酸で割って飲む。搾りかすは、はちみつ漬けにして冷凍保存し、凍ったまま、のど飴代わりに！

栽培暦

植えつけ 4月中旬～5月上旬

収穫 7月上旬～8月中旬 10月～11月

10月頭には新ショウガを収穫。このころには草丈が1m以上になるので、株元がぐらつかないようにU字形支柱、もしくは棒状の支柱を立ててクロスさせ、ひもで結んで支える。

11月下旬になり、葉が枯れ始めたら根ショウガを収穫。種ショウガも一緒に掘り起こして栽培終了。12月末のロマネスコの収穫へと続く。

タイムはそのまま！
メイン野菜をピーマン→
トウガラシ→シシトウと
3年かけて順繰り育てました。

ピーマン トウガラシ シシトウ

夏野菜入門編としておすすめなのが、ピーマン・トウガラシ・シシトウの“ペッパー3兄弟”。英名に“pepper”がつくナス科トウガラシ属の仲間です。植えつけは5月いっぱい大丈夫なので、焦らずに始められ、手入れも簡単。梅雨明けから晩秋まで長く収穫できます。

寄せ植えにはタイムを3株。土や鉢の表面をこんもりとした緑で覆い、雨による泥はねや夏の乾燥から守ります。2〜3年植えっぱなしにできる丈夫さも魅力。外周のタイムはそのまま、中央の野菜だけを1年ごとに植え替えていきます。

5月中旬に、ピーマンとクリーピングタイムを一緒に植えつけ。

タイムは植え替えず、ペッパー類の野菜をローテーション

5月中旬、カバープランツのクリーピングタイムを外周に3株植え、中心にピーマンを植えつけ。11月下旬、ピーマンを栽培終了し、タイムはそのまま残す。2年目は中心野菜をトウガラシ(タカノツメ)に、3年目の春はシシトウに植え替える。

直径36×深さ22㎝

1年目 8月のピーマン

草丈が低く、ゆっくり成長し、手間いらずで晩秋まで収穫可能なピーマン。二番果くらいまでは小さめで収穫すると株疲れせず、たくさん実がつく。赤く色づいた完熟の実も甘く美味。

2年目 10月のタカノツメ

栽培が簡単で失敗知らずなトウガラシ。定番のタカノツメは実が上向きで、まさに「鷹の爪」のよう。ピリッとした辛みとつややかな赤で、料理やインテリアのアクセントに。

3年目 10月のシシトウ

6月ごろまでに植えつければ晩秋までたくさん収穫できるシシトウ。ピーマン同様、赤くなると甘みがアップ。水切れのストレスで辛くなることがあるので注意。植えつけ前と栽培終了後にタイムを株分け。

リレー栽培のコツ

pepper
(green,hot,sweet)

point lesson

植え方とお手入れ

ピーマン、トウガラシ、シシトウの育て方は同じ。苗の形も同じなので、植えつけ時には品種名を書いたプランツマーカーをさしておくと安心です。内側が空洞になっているピーマンは、他の実もの野菜と比べて肥料や水分も控えめでOK。草丈もコンパクトに育つので支柱の交換・誘引・剪定の必要なし。芽かきも最初だけと手軽です。

寄せ植えのタイムは多年草なので3年間植えっぱなしに。中央のメイン野菜を植え替えるときには元肥（ミミズのふん土ひと握り、肥料小さじ1～2杯）を入れてかき混ぜ、スコップで中央を掘り起こして植え穴を作ります。タイムの根が切

1st year

植えつけ

5月、一番花が咲くころに植えつけ。苗をポットから出し、根鉢の真ん中に親指を入れて中心から外へと広げ、根張りをよくする。

わき芽を摘む

一番花よりも下のわき芽をすべて摘み取る。新芽にアブラムシがつきやすいので、見つけたら水スプレーしながらティッシュで拭き取るか、植物由来の薬剤で駆除。

支柱を立てる

長さ60cmほどの支柱を立て、8の字で結ぶ。草丈があまり高くならないので、支柱の交換は必要なし。

一番花が一番果に

3本に分かれた枝の間に花芽がつく。花は下向きで自然と受粉するため人工授粉は必要なし。一番果は4~5cmを目安に小さめで収穫すると、後の実がつきやすい。一番果がついたら追肥を。

れたとしても生命力が強いので問題なし。蒸れやすい内側の葉を刈り取って料理に使ったり、花を摘み取って飾ったりしながら、風通しよく育てます。

栽培暦
ピーマン・トウガラシ・シシトウ

- 種まき（ポット）4月上旬〜下旬
- 植えつけ 5月上旬〜下旬
- 収穫 7月下旬〜11月下旬

栽培を終了したら、地上部を10cmほど残し、翌年の植え替え時までそのまま放っておいてOK。根が分解され、簡単に引き抜ける。

2年目に植えたタカノツメ

2nd year

青トウガラシも赤トウガラシも1個から収穫可。自然乾燥で保存するなら赤く完熟するまで待って。最後は株ごと収穫を。

コンパクトに育ち、手間なし

タイムの開花

誘引も剪定も必要なく、収穫はたくさん。夏にはタイムの葉がこんもりと茂り、薄紫色の花も咲いて株元が華やかに。晩秋まで収穫したら栽培終了。タイムはそのままにして、ピーマンの株だけを撤収。

spring

3ed year

根が分解された植え床にシシトウを

3年目にシシトウを植えつける際は中央部分のタイムを掘り上げて株分けし、スペースを作る。根が張りすぎていたらスコップで切ってもOK。植えつけ後は水やりを。栽培が終了したらタイムもすべて掘り起こす。

収穫の愉しみ

世界中で愛され、色も形も味わいも個性豊かなペッパー3兄弟。ベル形がかわいく、生で食べてもおいしい「ベルピーマン」、辛みがマイルドでうまみが強い「韓国産唐辛子」、口が痺れるほど激辛な「ハバネロ」など、珍しい品種を見つけてはコレクション感覚でいろいろな品種にトライしています。収穫時期をずらせば青い実と完熟の赤い実を両方収穫できるので、料理の幅も広がります。

　乾燥して保存できるトウガラシはキッチンツリーやリー

たなかスタイル ペッパーコレクション

ⓐシシトウ大収穫！ ⓑ緑でも赤でもおいしい「ベルピーマン」。クリームチーズを中に詰めておつまみに。ⓒ8cmほどの大きな実がつく「韓国産唐辛子」。ⓓ江戸時代に人気を博し、現代に復活した「内藤とうがらし」。ⓔイチゴみたいな形がかわいいトウガラシ「ビキーニョ」。ⓕピーマンが上手に育てられたらパプリカにもトライ。

スに仕立てれば、飾りながら料理に使える実用的なインテリアに。つややかな赤い実はまるでアクセサリーのような美しさ。空間にも料理にも心地よいアクセントを与えてくれます。

たなかスタイル 飾る愉しみ

トウガラシのツリー

enjoy decorating

上 / トウガラシの茎にクラフトワイヤーを巻きつけ、ワイヤーツリーに飾って。木の枝&粘土でツリーを DIY しても。右 / 縦半分に折った月桂樹の葉とトウガラシを使ったリース。ベルの代わりにベルピーマン！

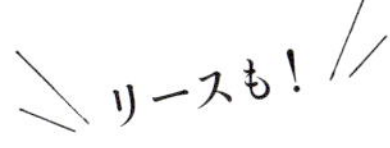

column

種採りと育苗

ベルピーマンの種採り

お気に入りの品種は種採りして栽培。収穫した実を乾燥させて種を採り、乾燥剤とともに密閉袋で翌春まで保存。

「懐温め袋」で発芽率アップ

湿らせたペーパータオルに種を包み、密閉袋に入れて布袋へ。2～3日身につけて体温で温め、発芽させてから種をまくと発芽率がアップ。

自家採種の種でも発芽率がよく育てやすい

日中は日当たりのいいベランダに置き、気温が低い日や夜間は室内へ（発芽適温 25～30℃）。プランツマーカーに品種名を書いて。

ハーブ

鉢植えで小さく愉しむ、ハーブ棚。
ハンギングや“寄せ鉢”など、引っ越しも自在。

herbs

春と秋

繁殖力や抑制力が強すぎて野菜の寄せ植えには向かないハーブたちは、小ぶりな鉢に単植し、木棚に並べています。最上段にはホップのツタを絡ませ、中段にはセージ、ローズマリー、ガーデンルー、サザンウッド、ラベンダー、下段にはミント、オレガノを。個性豊かなハーブたちが独立しつつも肩を寄せ合って暮らす光景は、まるでハーブのシェアハウス。バスケットに入れてつるしたり、野菜のそばに〝寄せ鉢〟したりと、引っ越しも自在です。

クリーピングタイムのハンギングバスケット

日当たりも風通しも抜群の空中栽培は、地中海原産のハーブにとって心地いい環境。

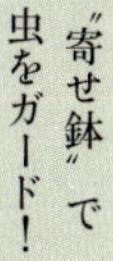

“寄せ鉢”で虫をガード！

ミントやローズマリーは野菜との寄せ植えには向かないけれど、香りで野菜につきやすいアブラムシなどを遠ざけてくれる。

ハーブの大敵「蒸れ」を防ぐ

通気性抜群の DIY 棚板。配置換えも楽々。

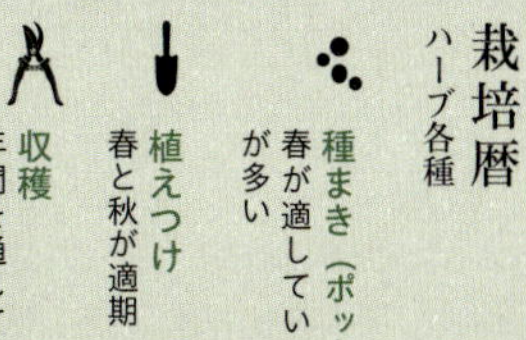

栽培暦
ハーブ各種

種まき（ポット）
春が適している品種が多い

植えつけ
春と秋が適期

収穫
年間を通して収穫できる品種が多い

植え方とお手入れ

ローズマリーのトピアリーは枝葉が丈夫でデザインしやすく、剪定と収穫が兼ねられ一石二鳥。小さな鉢なら移動もしやすく、玄関先や室内にも飾れます。

理想の形を目指して少しずつ剪定していると気分は植木職人。梅雨前には枝を透くように〝サマーカット〟を。ハーブは蒸れに弱いため、収穫を兼ねてこまめに剪定し、風通しよく育てるのがポイントです。

生命力が強いので、水も肥料も控えめで大丈夫。春と秋に有機置き肥をあげれば元気に育ちます。ローズマリーやディル、パセリなどは根がデリケートなので、植えつけ・植え替え時は根を崩さないよう気をつけて。

ローズマリーのトピアリーを例に解説します。

植えつけは3月!

立ち性(左)とほふく性(右)の苗。トピアリーには枝や茎がしっかりした立ち性苗を。

step 1 鉢底石を入れる

ポットよりひと回り大きい鉢(直径11.5×深さ14cm程度)に鉢底石を入れる。

step 2 土を入れる

土を苗が収まる高さまで入れる(苗の土質によってはハーブ用の培養土を)。

gathering variation

キッチンハーブの寄せ植え

タイム、ローズマリー、セージ、チャイブ、イタリアンパセリの組み合わせ。すぐに使えて便利。

剪定を兼ねて収穫。葉が混み合って蒸れそうなところは大胆にカット。

ちょっとあるとうれしい和ハーブ

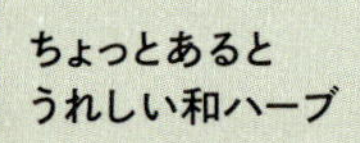

ミツバは通年。秋冬は葉ネギ(リボベジでもOK)、春夏はシソを寄せ植え。

茎のつけ根をハサミでカットして収穫。中から新芽が!

3年で球体に

株元から10㎝までの枝葉を取り除き、上部の枝葉も目指す大きさにカット。葉の間から出る新芽の真上にハサミを入れて。枝葉の伸び方にばらつきがあるので少しずつ剪定し、気長に形作って。

step 3 根を崩さず入れる

ローズマリーの繊細な白い根を崩さないようにそっと植える。植え替え時も同様。

step 4 土を入れ、水やり

まわりの隙間に土を入れる。底を軽く打ちつけて下まで土を入れてたっぷり水やり。

step 5 剪定は春と秋に。移植は3月に

夏の剪定は枯れることがあるので注意。根が伸びる4～5月の植え替えも避ける。

育て方と寄せ植えバリエーション

株分けと植え替えのタイミング

左／レモンバーム
右／ミント

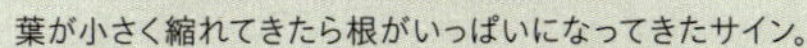

葉が小さく縮れてきたら根がいっぱいになってきたサイン。

半分くらいのボリュームにして植えつける。ひと回り大きな鉢に植え替えても。

根詰まりを起こしやすいミントは年に1度株分けすると香り豊かに。根は大雑把に扱っても大丈夫。

＊根がデリケートなローズマリーや直根性のディル、パセリなどは根を崩さないように。

ネギの収穫を終えたらシソの苗を植えつけて長く楽しむ！

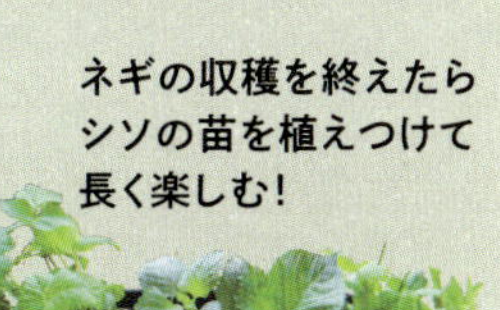

草丈40㎝くらいに育ったら摘芯。わき芽が育って葉数が増える。バジルも同様に。

葉の形も香りも個性豊かなハーブ。梅雨前の剪定も兼ねてカゴいっぱい収穫したら、バスタイムのお供「ハーブボール」を作ります。ラベンダー×ローズゼラニウム×ローズマリーの「華」、ミント×バジル×タイム×レモングラス×ショウガの「爽」、ミカン×サンショウ×ミツバの「和」など、ブレンドは自分好みで。煮出し液とともに湯船に入れると凝縮された香りと色がじんわり広がって心身ともに癒されます。首や肩に当てたり、洗面器で手浴やフェイスサウナをしたり、いろいろな愉しみ方ができるのも魅力です。

収穫後は軽く水洗いし、ハンギングサークルなどを使って、晴天時のベランダで3日、室内の風通しのいい場所でさらに3日ほど自然乾燥させる。柑橘類やショウガの皮、調理用ハーブを使っても。

たなかスタイル 香りでリラックス

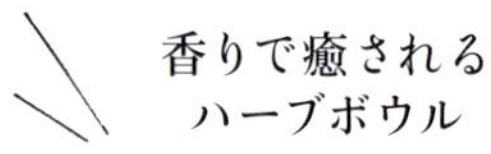

香りで癒される ハーブボウル

洗えるキッチンペーパーにドライハーブをのせ、ボール状にしてから葉をもみ、細かくする。先端を折り曲げて持ち手を作り、ひもをきつく巻きつけて片結び。使う際は鍋に水2ℓとハーブボウル1個を入れて弱火で10分煮出す。沸騰後に火を止め、5分おき、湯船や湯を張った洗面器に注ぐ。

＊肌が敏感な人は手浴でお試しを。残り湯は早めに洗い流します。

秋の剪定時には「押し葉アート」をぜひ。絵心や特別な道具がなくても菜園の記憶を残すことができる手軽な工作です。額の中に根・葉・花・種を挟んで植物標本にしたり、刺しゅうをあしらってコラージュしたり。月日とともに色あせるけれど、シルエットが際立って、それもまた素敵。自然って美しいですね。

たなかスタイル ハーブを愛でる

enjoy decorating

ハーブの押し葉アート

①根が付いたまま水は拭き取り、上下3枚ずつの半紙に挟み、押し花に。②翌日に半紙を交換して微調整。10日おく。③接着剤を薄く塗り、台紙に貼る。

挿し木も！

剪定枝を水に挿すと約10日で発根。根がきれいなので押し葉にも。水は毎日交換を。

収穫の愉しみ

勢いよく茂るハーブは、ふだん使いが一番のお世話。摘みたての豊かな香りと、小さくてかわいい葉は食卓に華やかさを添えてくれます。市販のキューブチーズに葉をつけたり、ローズマリーをスティック代わりに挿したりするだけでもおしゃれ。クリスマスには、ありったけのハーブを詰め込んだローストチキンとローズマリーポテト、ブーケガルニで風味づけしたスープでお祝いです！

ハーブクリームチーズ

クリームチーズに、フェンネル、タイム、チャイブ、ミントの葉をつけてローズマリーのスティックで。

たなかスタイル 食べる愉しみ

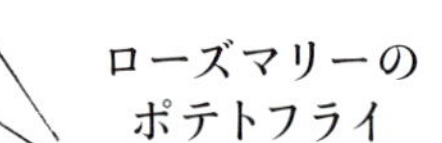

ローズマリーのポテトフライ

皮つきポテトにローズマリーを加えて素揚げ。おいしい香り！

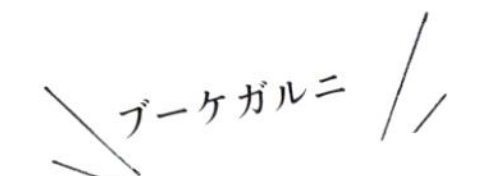

ブーケガルニ

タイムと月桂樹、イタリアンパセリの茎でブーケガルニに。

column

ホップとコリアンダーの時間差寄せ植え

ホップのツルをパーゴラに誘引してグリーンカーテンに。戸建てなら2階へと誘引しても。栽培は簡単。4年目から収穫しました。

ホップは宿根性。根だけで越冬する11月～3月上旬はコリアンダーを栽培（根が充実する3年目以降は株元にポットをのせて栽培しても）。コンテナは60ℓのものを。

3月下旬ごろから新芽が。勢いのよい3本を誘引していく。

追いホップで香りたつ泡

黄色い粒が苦み成分のルプリン（半端ない苦さ）。殺菌効果も。

スイカ（小玉）

仲間に囲まれ、ハンモックに包まれ、
日に日に大きくなる、ベランダスイカ。
1株1果のドラマに胸が高鳴ります。

ベランダでスイカ栽培なんて夢だと思っていたけれど、小玉ならできるかもと初挑戦。1株で1果しかとれないので、寄せ植えで小さな収穫も愉しむことに。

人工授粉してふくらんだ実はふわふわの産毛に包まれ、早くも縞模様！　日に日に大きくなる実を守るため、棒ネットでハンモックを作り、成長をつぶさに見守ります。

ひと夏待ちわびた収穫予定日。ツルを切り落とした瞬間のずっしりとした重みに思わず感動。ときめきとドキドキがギュッと詰まった1株1果のドラマを味わって。

ベルピーマン2株、イタリアンパセリ、カリブラコアをにぎやかに寄せ植え。

スイカとピーマンが成長している間も小さな収穫を愉しむ

成長がゆっくりで草丈が低いピーマン、抗菌作用のあるニラはスイカと好相性。スイカとピーマンの成長を待つ間、ニラ、イタリアンパセリ、エディブルフラワーのカリブラコアを収穫。

授粉後22日でこんなに大きく!

人工授粉後は目に見えて大きくなるスイカ。オベリスクに棒ネットで作ったハンモックをぶら下げ、実が落ちないように観察と調整を繰り返す。

8月に小玉スイカ終了後9月からベルピーマンの収穫開始

小玉スイカは1玉収穫したら栽培終了。以降はベルピーマンの収穫がメインに(育て方はP62参照)。ニラ、イタリアンパセリ、カリブラコアも元気なうちは収穫を続けてOK。

11月にエンドウの苗を植えて冬越し中

栽培が終了したカリブラコアの位置にエンドウを植える(育て方はP126参照)。エンドウの支柱として活用するベルピーマン、二年草のイタリアンパセリはそのまま残す。

育て方のコツ

watermelon
point lesson

植え方とお手入れ

スイカは寒暖差が大きいと病虫害にあいやすくなるので、植えつけは十分暖かくなってから。ツルをオベリスクに誘引し、あんどん仕立てで育てます。日当たりのいい場所に置き、土が乾いたらたっぷり水やり。ふさふさの産毛が空気中の水分までもキャッチし、みずみずしく育ちます。

実をつけるための人工授粉は開花後すぐに行うため、つぼみがついたら毎朝開花チェックを。収穫は受粉から35～40日が目安。授粉日をメモし、日付テープを茎につけておくと安心です。実の近くの巻きひげが茶色く枯れてきたら完熟の合図。熟しすぎて割れないようベストタイミングをねらいます。

本葉4枚ほどで植えつけ

ニラの根に重ねるように

コンテナ中央にオベリスクを立て、左右の植え穴にニラを3株ずつ置く。ポットから出して軽く根をほぐしたスイカの根をニラの根に重ねるように植えつける。

本葉6枚で摘芯

スイカは子ヅルに実がつくので本葉6枚になったら早々に親ヅル（太い茎）を摘芯。元気のいいわき芽を2本伸ばして誘引。1か月後には雄花と雌花が咲きだす。

花が咲きだす

雄花

雌花

栽培暦

植えつけ　5月中旬〜6月中旬

収穫　7月上旬〜8月下旬

開花したら雄花を摘み取り、雌花（幼実がついているほう）に雄花の花粉を軽くつけて人工授粉。昼には花がしぼむので朝のうちに行う。

人工授粉から２日後に雌花の実がふくらんでいれば成功。確認後すぐに有機置き肥＆液体肥料を。このときは2果目は着果とならず、1果を大事に育てた。

ハンモックでつり下げて

人工授粉から7〜10日後に、テニスボール大になったらつり下げ栽培開始。棒ネットの中央に切り目を入れて、両端を麻ひもで結び、ハンモック状に。オリベスクに取りつけて切れ目からスイカを入れる。オベリスクにも傷防止のクッションを巻いて。

収穫の愉しみ

watermelon

人工授粉から40日目、ついに収穫。直径15cm、重さ1.5kg、糖度は13度超え！　皮のきわまで果肉が詰まり、果汁が滴るほどのみずみずしさ。最高に甘くておいしい！

2023
8/5

人工授粉から40日目、巻きひげが茶色く枯れたら完熟の合図。

弾ける寸前の完熟

収穫後、包丁を入れた瞬間にピキッと皮に亀裂が。もう少し収穫を待っていたら弾けてしまっていたであろうギリギリの完熟っぷり！

オクラ

猛暑にも粘り強く、
夏バテ知らずのスタミナ野菜。
おいしい花もミニオクラも、
育てた人だけのごほうび。

okra

初夏

熱帯生まれで暑さに強く、スロースタート&ロングラン栽培ができるオクラ。ハイビスカスに似た大きく美しい花は眺めるだけでなく食べる愉しみも。朝咲いて夕方にしぼんでしまうため、めったに流通しない貴重なグルメです。

花が咲いて4〜5日後には実も食べごろに。小指ほどのミニサイズで早どりするとやわらかく、株疲れもせずに次々と実がつきます。

葉が大きいので単植向きだけれど、大きなコンテナなら寄せ植えも。太くまっすぐ伸びる茎は後作の支柱として活躍します。

5月下旬〜6月下旬、種から育てたオクラを2株セットで植えつけ。

葉が大きく陰になるので単植向き

直根性（細い根が少なく、太くまっすぐ伸びる性質）のオクラを育てるなら深さのあるコンテナを。2株をワンセットで植えると根張りがよくなるので、本葉2枚ほどの幼苗を2株、10㎝間隔で植えつける。

大きな葉でたっぷりと光合成

植えつけから2週間、どんどん葉が大きくなり、あっという間に手のひらの大きさくらいに。この葉でたっぷりと光合成して養分を蓄えていく。茎がぐらつくようなら支柱を立てる。

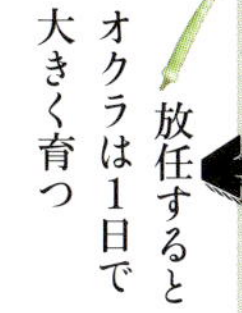

放任するとオクラは1日で大きく育つ

7月下旬、大きく美しい花が咲いて実がつく。開花後4〜5日で食べごろに。どんどん大きくなるので、早めに収穫。収穫のたびに下のほうの葉をカットし、日当たりと風通しをキープ。

栽培終了後は他の野菜の支柱にしても

太くまっすぐ伸びるオクラの茎は後作のエンドウの支柱に活用。栽培終了後、葉を取り除き、茎はそのまま残す。11月にエンドウの種まきを（後作についてはP126も参考に）。

育て方のコツ

okra

point lesson

植え方とお手入れ

オクラの種は皮がかたく、発芽適温が高いので、種まき前に種を一晩水につけ、発芽までは室内で育てます。2週間ほどして本葉2~3枚の若苗になったら植えつけ。苗から育てる場合も若苗を購入し、2株セットで育てると根張りがよくなります。直根性で根がデリケートなので、植えつけ時は根を触らないよう慎重に。

植えつけ後は葉が大きくなり、茂りすぎると光合成しにくく、湿気がこもりやすくなる傾向が。混み合う下の葉を摘葉し、日当たりと風通しを保ちながら育てると収穫が長く続きます。

種は一晩水につけて

オクラは種がかたいので、一晩水につけて発根を促す。3号ポットに4粒まき、1cmほど土をかけて、やさしく水やり。発芽までは暗めの室内で育てる。

2株に間引く

間引くときはハサミでカット。根を崩さないように

発芽したらベランダに移動させ、ハサミで間引いて生育のいい2株を残す。双葉の間からギザギザの本葉が2~3枚生えた若苗になれば育苗終了。植えつけを。

若苗で植えつけ 直根性なので根を崩さない

やさしく植えつける

2株の若苗を株間10cmで植えつけ。オクラは直根性で根が傷つきやすいので、植えつけ時は根鉢を崩さないように注意する。植えつけたら、たっぷりと水やりを。

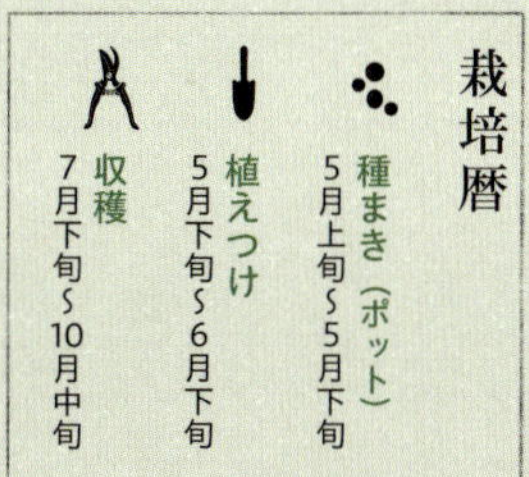

葉を摘み取るときは枝のつけ根にハサミを入れて枝ごとカット。花芽がついたら有機置き肥を施し、実がつき始めたら液肥を与える。

摘葉で新しいエネルギーを

草丈が1mほどになったら、収穫のたびに直下の葉を1〜2枚摘葉。日当たりと風通しをよくし、実に養分を送るため、緑色のきれいな葉でも思いきって摘む。

植えつけ10日後

植えつけ10日後には葉が手のひらよりも大きく。このころから茎や葉裏にたくさんつく透明の粒は、オクラの粘液成分が粒状になったもの。無害なので、そのままで大丈夫。

収穫の愉しみ

成長が早く、開花後4〜5日で食べごろを迎えるオクラ。小指サイズで早どりするミニオクラは、とろけるようなやわらかさ。花を食べるときはしぼむ前に摘み取ります。生でも食べられますが、さっとゆがくと粘りけが出て、とてもおいしいです。

おすすめ品種は角のない丸オクラ。ガクごと食べられ、大きくなってもかたくなりにくいのが魅力。紅紫色の品種は生のまま料理の彩りに。ゆでると緑色に変わるのもマジックみたいで面白い！

上 / 丸オクラの「まるみちゃん」は、実が大きくなってもかたくなりにくい。花は朝のうちに摘んで、水を入れたガラスの器に浮かべても素敵。下 / 皮が紫色の丸オクラ。生だと紫色、ゆでると緑色に変身。

column

猛暑に負けない オクラと バジルの寄せ植え

アフリカ生まれのオクラと熱帯アジア生まれのバジルを大型コンテナで寄せ植えします。酷暑の夏にも元気に育ってくれるおすすめの組み合わせです。

とり損ねて大きくなりすぎたオクラは食感があまりよくないので思いきって種採り用に。サヤのフォルムが美しいので、乾燥させて棚に飾ったり、プレートに添えたり、自然のオブジェとして暮らしに取り入れています。

VERANDAH GARDEN VEGETABLE ENJOYMENT

たなかスタイル 食べる愉しみ

オクラのだし浸し

①ミニオクラはそのまま、少し大きいものは斜め半分に。②オクラの花をさっと湯通しする。③オクラをだしでゆがく。④器に盛り、②の花をのせて完成。つるんとやわらかで、冷やしてもおいしい!

enjoy cooking

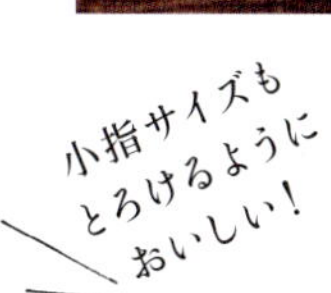

紅紫色のオクラ「ベニー」は生でもおいしく、ゆでると緑に。つやのある濃緑と五角形がきれいな「アーリーファイブ」は育ちが早く、多収なのも魅力。

種採りやオブジェにも

enjoy seeding

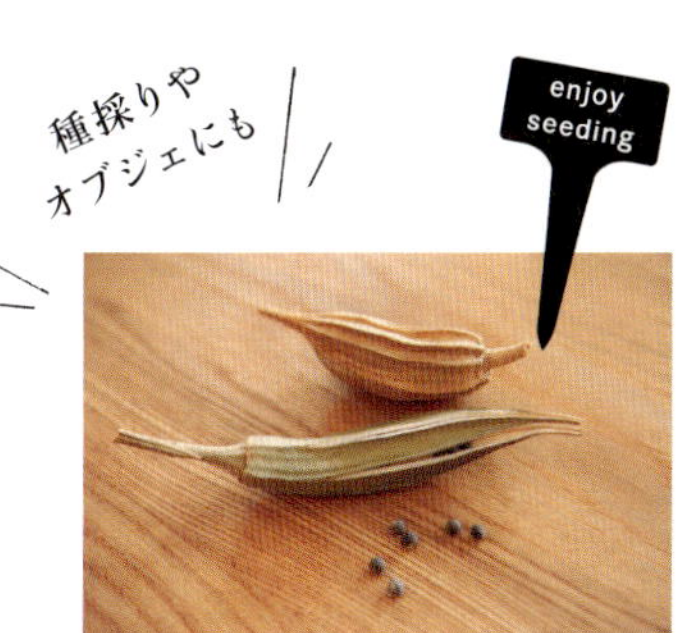

とり損ねて大きくなりすぎたオクラは、サヤが茶色くカラカラになるまで自然乾燥させると種が採れ、翌年の栽培に使える。フォルムを生かしてオブジェにも。

小指サイズもとろけるようにおいしい!

角がない丸オクラ「まるみちゃん」はガクごと食べられるほどやわらか。花も食べられる。

古代エジプトでは薬として用いられていたといわれるほど栄養価の高いゴマ。生育適温はなんと25〜40℃！温暖化の今日でも頼りになります。

茎は空高くまっすぐに伸び、葉は互い違いに広がって効率よく光合成、開花と同時に自ら受粉。新芽も間引き菜もおいしくて栄養満点です。花言葉はずばり「たくましく生きる」「救済」。どんな過酷な環境でも人間が食べていけるように自然が与えてくれた恵みのような野菜です。

5月に植えつけたペチュニアの間に種まきします。発芽後は間引いて3株に。

70×33㎝の半円形、深さ30㎝

花を植えてから間に種をまく

5月上旬、半円形（または横長）コンテナの両サイドにペチュニアを、手前にヒメイワダレソウを植えつける。5月中旬、ペチュニアの間に金ゴマの種を3㎝間隔ですじまき。白ゴマ、黒ゴマも育て方は同じ。

発芽から2か月後花が咲きだす

3株のゴマはゆっくり成長し、発芽から2か月後に薄ピンク色の花を咲かせる。ベル形の花の中に花粉がこぼれて自家受粉。上へ伸びるゴマに対し、ヒメイワダレソウは下へ垂れる。

8月中旬下から順にサヤが！

8月中旬、自家受粉した花にサヤが下から上へと順についていく。9月下旬～10月下旬、サヤが黄色くなったら収穫。2～3㎝ほどの小さなサヤに種がビッシリ！

収穫後の茎は春まで分解待ちペチュニアからビオラへリレー

収穫後は下部の茎を残して翌春まで根の分解を待ち、ペチュニアはビオラに植え替え。翌春にゴマの根を引き抜くと根が分解され、こんなに小さく！5月には夏野菜を植えつける。

育て方のコツ

sesame point lesson

種のまき方とお手入れ

種まきには園芸用のゴマ、または自家採種のゴマを使います。自家採種のゴマは事前にスプラウトを栽培し、発芽を確認すると安心です。

熱帯サバンナ原産らしく、双葉のころから葉や茎に産毛がみっしりと生え、空気中のわずかな水分もキャッチ。自家受粉植物で暑さにも病害虫にも強いですが、ナメクジに食べられてしまうことがあるので注意。活動が活発化する夜に懐中電灯を照らしながら駆除します。

サヤの下のほうが黄色くなってきたら熟した合図。手で順次もぎ取るか枝ごと収穫し、自然乾燥。中のゴマが成熟するとサヤが自然と弾けます。まさに「開けゴマ!」ですね。

発芽
産毛で空気中の水分をキャッチ!

双葉が出てきたら、混み合っているところをハサミでカットし、1回目の間引き。本葉が出て、茎がしっかりとしているものを残す。株間3㎝ほどを目安に。

間引きながら3株に

ゴマ若葉

本葉が4～5枚になったら、2回目の間引き。混み合っているところの株を手で引き抜いて、生育のいい3株を残す。この間引き菜は「ゴマ若葉」と呼ばれ、香りもクセもなくて抗酸化成分たっぷり！ サラダやスムージーに。

一日花のゴマの花

花が開き花粉がこぼれ受粉

発芽から約2か月すると、薄ピンク色でベル形のかわいい花が咲く。開花と同時に、雄しべの花粉が雌しべにこぼれて受粉するので人工授粉の必要はなし。

収穫の愉しみ

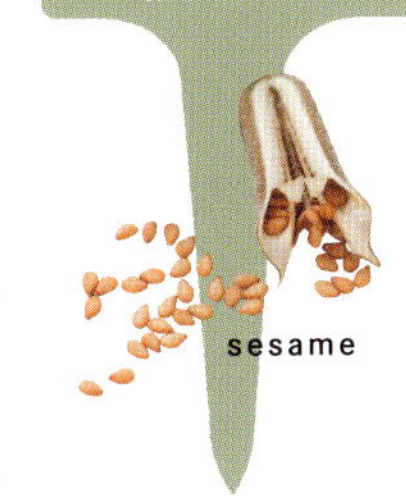

サヤの中には、80粒ほどのゴマが整列していて感動！ 洗いゴマの手間はかかりますが、1粒1粒がいとしく、ありがたく、炒りたての香ばしさに笑みがこぼれます。

ゴマにするまで

サヤを不織布の袋に入れて自然乾燥。サヤが自然と開いたらゴマを取り出す。

水に浮く細かなゴミを取り除く「洗いゴマ」の手間が国内自給率0.1%の要因とも。感謝を込めてていねいに。2日自然乾燥させて密閉容器に保存。使う前に空炒りを。

たなかスタイル 食べる愉しみ

ゴマスプラウトのオープンサンド

自家採種したゴマの種の発芽率を確かめるためスプラウト栽培し、オープンサンドに！ 新芽にセサミンパワーがいっぱい。

栽培暦

種まき（じかまき） 5月中旬～6月下旬

収穫 9月下旬～10月下旬

太陽の光をキャッチする巧みな葉

ゴマの葉は規則的に互い違いに広がっているのが特徴。葉があまり重ならないので、効率よく光合成ができ、ぐんぐん伸びていく。

サヤの色が収穫のサイン

サヤが黄色くなったら収穫。枝ごと新聞紙に包んで風通しのいい場所に立てかけて追熟。または熟したサヤから順にもぎ取り、不織布の袋に入れて乾燥させる。

レースのような葉が
クロス形に浮かび上がる、
おしゃれなミニニンジン畑。

ミニ ニンジン

mini carrot
+
bokchoy
curly kale
mustard greens
crown daisy

夏

じっくりと時間をかけて光合成するとおいしくなる根菜は真夏に種まき。大きなコンテナにセリ科のニンジン、アブラナ科・キク科の葉野菜を寄せ植えすると虫よけになり、互いによく育ちます。レイアウトもひと工夫。ニンジンの種をX形にまき、間に葉野菜の種をばらまくと、葉が茂ったときに模様が浮かび上がって、とてもきれいです。

ハーブのような香りの間引き菜、小指サイズのマイクロニンジンと夏から小さな収穫を積み重ね、土の中の根の成長に想像をふくらませながら秋へと向かいます。

9月上旬に、ミニニンジンの種まき。9月下旬に葉もの野菜をエリアごとに種まき。

Xレイアウトでアブラナ科・キク科とセリ科野菜の寄せ植え

大型コンテナにミニニンジン（セリ科）をX形にまき、本葉が出たら間引く。間にチンゲンサイ、カーリーケール、カラシナ（すべてアブラナ科）、シュンギク（キク科）をまく。

44×44×深さ36㎝

ニンジンを間引いた後に葉ものの種まき

9月上旬にミニニンジンの種をまくと10日ほどで発芽。本葉が出たら混み合っている部分を間引き、4エリアに葉ものの種まき。芽が出そろったら、混み合っている部分を間引く。

間引き収穫のスタート

10月末、ニンジンの間引き菜、葉もののベビーリーフの収穫スタート。ニンジンの間引き菜はハーブのような香り。オムレツなどに刻んで入れて。

じっくりと時間をかけておいしく育てる

草丈15㎝になったら根も一緒に引き抜いて間引き、株間3㎝になるように調整。葉もの野菜を収穫しながら、ニンジンの根の成長を待つ。草丈30㎝ほどになったら収穫！

育て方のコツ

mini carrot

point lesson

種のまき方とお手入れ

ニンジンは発芽率が低いので種を多めにまき、間引きながら育てます。種まきの際は土の表面をならし、底の平らな溝を作ると、発芽がそろって間引きもスムーズに。また、ニンジンは発芽に弱い光が必要な「好光性種子」。土をかけすぎないように注意しましょう。土の表面が乾きやすいので、発芽までは霧吹きで土を湿らせます。

間引きは本葉が出てから行います。成長とともに葉が混み合ってくるので、そのつど株間2～3㎝を目安に間引きます。間引くときは根を持ち上げないようにハサミでカット。草丈15㎝ほどになったら根も引き抜いて間引きます。

湿らせた土に深さ2㎝の溝を

5㎜間隔で種をパラパラ

土にたっぷりと水やりして湿らせた後、土の表面をならす。ひもでガイドしながら角材などを使って深さ1㎝、幅2㎝の溝を作る。作った溝に5㎜間隔で種をすじまきし、手で土をこすりながら薄くかけて角材で押さえる。発芽までは土の表面が乾かないように、毎日霧吹きで湿らせる。

発芽後は密植ぎみの共育ちで！

本葉が出てきたら間引きを。抜かずにハサミでカット。

ギザギザの本葉が出てきたら茎が細いものをハサミでカットして間引く。葉と葉がくっついて互いに支え合って育つので、発芽後すぐは密植ぎみでOK。

9月下旬 1回目の間引き

間引き後の株間は2～3㎝が目安。葉の先が触れ合う程度に調整する。

間引き後は株元に土を少し足して！

間引いた後は、株元のぐらつきやニンジンの肩が緑化するのを防ぐため、増し土を必ず行って。

栽培暦

種まき（じかまき）
8月上旬〜9月下旬

収穫
11月下旬〜翌4月下旬

葉もの野菜4種の種まき

11月下旬間引いて追肥

成長とともに混み合ってくるので、そのつどハサミで間引く。間引き後に根がぐらつかないよう、株元にスプーンで土を足し、液体肥料を。

小さな間引き菜はオムレツやサラダに。

マイクロニンジンとベビーリーフの収穫

11月末〜12月にかけて草丈が15㎝ほどになり、株元にニンジンのオレンジ色の肩が少し見えるようになってきたら根ごと引き抜いて間引く。葉の数が多く、茎がしっかりしているものは残し、草丈30㎝ほどで収穫。

収穫の愉しみ

細かな切れ込みが入り、まるでレースのように美しいニンジンの葉。ふわふわとやわらかく、ハーブのように香り豊か。小さな間引き菜はサラダやオムレツに混ぜて、立派に育った葉はさっと刻んで天ぷらにしておいしくいただきます。サクッという小気味よい音と、やわらかな食感、ほのかな香りがたまらない！　揚げたてはビールのお供に最高です。

草丈15cmほどになったら根ごと間引き、まずマイクロニンジンの収穫。小指サイズな

column
単体でお世話しやすい「ミニニンジンのバケツ畑」

ニンジンを初めて育てる方は、まずニンジンだけで育ててみましょう。

葉がやわらかく香りはハーブ

1 ブリキのバケツの底に水抜き用の穴をあけ、鉢底石と土を入れる。

2 種まき前に水やりをして土のベッドを整え、まき溝に種をすじまき。

3 発芽まで乾燥防止のシャワーキャップをかけ、通気穴を２か所あける。

4 本葉が出てきたら、間引き開始。

3月末、ミニニンジン「ベビーキャロット」収穫。4月中旬、3色ミニニンジン「スイートプリンセス」の収穫。

ので丸ごと調理でき、スープやグラタン、ピクルス、キャロットケーキのかわいいアクセントに。草丈30cmになったら、いよいよミニニンジンの収穫。普通のニンジンに比べるとかなり小さいけれど、根を引き抜くときの手ごたえは、しっかりと根菜です。

マイクロニンジンのピクルス

間引き収穫したマイクロニンジンは、皮をむかず丸ごと調理。さっと熱湯に通し、ピクルス液に漬ければ完成。月桂樹、ディルシード、ブラックペッパーホールを加えると本格的な味わいに。

たなかスタイル 食べる愉しみ

葉っぱは天ぷらに

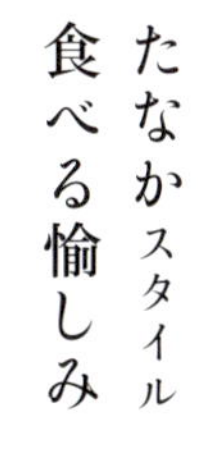

刻んだ葉に衣をつけて揚げるだけ。天ぷら粉にビールを入れるとサクサクに。天然塩を添えて。

1

2

3

4

One day in midsummer
ある夏の
ベランダ菜園

わき芽が次々と生え、ぐんぐん成長。
数年後には“ブロッコリー・ツリー”に!?

broccoli
+
midi tomato
basil
italian parsley

夏

生命力旺盛なブロッコリー。中心の頂花蕾を収穫した後も側花蕾(わき芽)が次々と生えてきます。栽培上は一年草として扱われていますが、茎を残せば翌年以降も花芽がついて繰り返し収穫できる多年草。わが家では4年間植えっぱなしで育ててみましたが、ベランダの天井に届くほどのシンボルツリー的な存在に。とはいえ、巨大化するブロッコリーパワーを実感できたその後は、一年草として育てています。

多年草のブロッコリーを中心にローテーション栽培

P41で紹介したトマトの大型コンテナを使って栽培。8月中旬、ミニトマトは栽培終了し、まだ元気な中玉トマトとバジルを残して、中央にブロッコリー「ハイツSP」の苗を植えつけ。

8月中旬、トマトやバジルを残し、中心にブロッコリーを植えつけ。

52×50×深さ30㎝

中玉トマトを収穫しながらブロッコリーの頂花蕾を収穫

真夏は収穫が止まっていた中玉トマトも朝晩が涼しくなり始めると再び収穫可能に。10月下旬にはブロッコリーの頂花蕾も収穫。

頂花蕾収穫の後手前に葉ネギを植える

10月になると葉ネギの苗が出回るので手前の空いたスペースに植える（リボベジでもOK）。ネギの根の抗菌作用で病気にかかりにくく元気に育つ。

多年草のブロッコリーは茎を残すと、株から新しい芽が出る

1月上旬にブロッコリー、中玉トマトの栽培終了。4月下旬、残しておいたブロッコリーの茎からかわいい新芽が出てきた。スペースがあれば栽培を継続しても。

育て方のコツ

broccoli + point lesson

植え方とお手入れ

ブロッコリーは冬が旬の野菜ですが、寒くなる前に植えつけないと花蕾がなかなか大きくならないので、植えつけは9月中に。種から育てる場合は7月中旬〜8月下旬、苗ポットに種を点まきする。風通しのいい場所に置いて、間引きながら1株に。本葉4〜5枚で植えつけた後はたっぷり光合成をさせてあげると冬にたくさんの花蕾をつけてくれます。

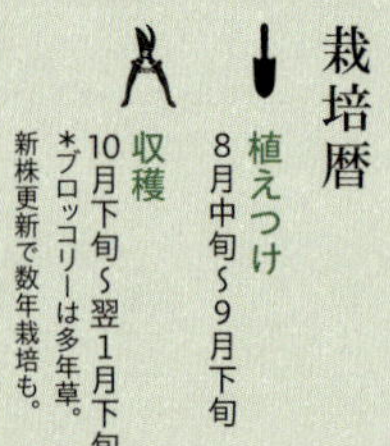

栽培暦

植えつけ
8月中旬〜9月下旬

収穫
10月下旬〜翌1月下旬
*ブロッコリーは多年草。
新株更新で数年栽培も。

8月中旬
本葉4〜5枚で植えつけ

本葉4〜5枚で根を崩さないように植えつけ。根が丸まっている場合も、中心から外へ根を軽くほぐす程度にとどめる。植えつけから1か月したら有機置き肥を。

10月下旬
頂花蕾を収穫

頂点の花蕾（頂花蕾）のつぼみが開く前に収穫。直径10cmほどの大きさで早めに収穫すると、枝から小さな側花蕾（わき芽）が次々と出てきて収穫が続く。有機置き肥で追肥を。

側花蕾が次々と

頂花蕾の収穫から2週間ほどで側花蕾の茎が伸びてきて食べごろに。ハサミで切って順次収穫。側花蕾は茎もやわらかくておいしい。

column

3月上旬、菜の花開花。もはや株というより木のよう！

10月下旬、頂花蕾を小さめで収穫し、側花蕾収穫へつなげる。葉は栄養満点のケール。

2年目の7月下旬、株元から芽が出て新しい株が成長中。太くまっすぐ伸びる茎はトマトの支柱に。

収穫の愉しみ

中心の頂花蕾を収穫した後も側花蕾が次々に生え、1～2月か月ほど収穫が愉しめます。側花蕾もつぼみが開く前が食べごろ。収穫時から一口サイズなので、小房に分ける手間いらず。

ラップで包んでレンジで20秒ほど加熱するだけで茎までやわらかくなるので、お弁当の隙間や料理の彩りなどにとても重宝します。

上 / アントシアニンが豊富で色合いがきれいな「紫ブロッコリー」。下 / アスパラのような甘い茎がおいしい「スティックセニョール」。

column

花からサヤへ 無限Seed

最後のわき芽をとう立ちさせて、菜の花観賞。サヤが茶色くなったら刈り取り、涼しい場所につるして自然乾燥。梅雨前に種採りし、封筒に入れてから密閉容器へ。

長く収穫できるだけでなく、余すことなく食べられるという点でもコスパ抜群。花蕾や茎はもちろん、葉はスムージーに、種を発芽させたスプラウトは手巻き寿司やサラダに、調理で余った茎でリボベジも！　おいしく食べながら、強力な抗酸化作用で免疫力をアップできるのもありがたいところ。すくすく育って、たくさんとれて、いろいろ味わえて健康にも役立つ、無敵のスーパー野菜です！

発芽率検証を兼ねた ブロッコリースプラウト

スプラウト栽培容器に種を密集ぎみにまき、空箱に入れて遮光。毎日水替えし、発芽後草丈4㎝ほどで明るい室内へ。1週間～10日ほどで収穫可能に。陶器の場合は水を含ませたコットンに種をまき、アルミホイルをかぶせて空気穴をあける。発芽までは霧吹きで、発芽後は蛇口から注いで水替え。

たなか's eye 発見！ 無敵ブロッコリー

茎を水につけるだけで、
葉とマイクロブロッコリーができた。
これは発見です！

スプラウトで 手巻き寿司

自家製スプラウトを食べる分だけハサミで収穫しながら手巻き寿司パーティー。おいしくて、愉しくて、盛り上がること間違いなし！

レタスやハーブは虫よけ兼マルチングに。
カリフラワーの収穫は、ブーケのように華やかな花蕾でも
一輪の花のようにかわいいスティックでも。

cauliflower
+
chervil
coriander
lettuce

初秋

こんもりと密集した花蕾がブーケのように美しいカリフラワー。たとえ花蕾が割れてしまってもスティックカリフラワーとして収穫できるから安心。一輪の花のようなかわいさとやわらかさ、繰り返し収穫できるお得感に惹かれ、花蕾が割れるまであえて待つことも。

植えつけはブロッコリーよりも少し遅い9月下旬。涼しくなるので腹ぺこアオムシも寄りつきにくくなります。さらにキク科の葉ものやセリ科のハーブを寄せ植えするとチョウや虫を遠ざけ、寒さや乾燥に負けず元気に育ちます。

9月下旬、
中心にカリフラワー
「オレンジブーケ」を
植えつけ。

レタスやハーブを収穫しながら花蕾を育てる

白いカリフラワーは花蕾が見えてきたら外葉をしばって遮光する必要が。オレンジやパープルなど色つきの品種はその必要がなく、手軽に育てられるのでおすすめ。9月下旬、本葉5～6枚でカリフラワーの苗を植えつけ。レタス、ハーブ類の苗を周囲に植えつける。

直径30×深さ25㎝

9月下旬 苗の植えつけ

リーフレタス、サニーレタス、チャービル、コリアンダーはカリフラワーのコンパニオンプランツ。草丈が低く、ボリュームもあるので、寄せ植えにぴったり。

11月下旬 小さな頂花蕾ができ始める

植えつけから2か月ほど経ち、中心に頂花蕾ができ始めたら有機置き肥を株元にばらまいて成長を応援。

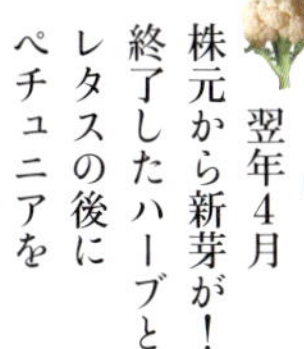

翌年4月 株元から新芽が！ 終了したハーブとレタスの後にペチュニアを

収穫を終えたカリフラワーの茎を残しておいたら、翌年の４月に新芽が！　レタスとハーブは栽培終了し、ペチュニアにリレー。別の鉢で育てていたスミレも移植。

育て方のコツ

cauliflower
point lesson

植え方とお手入れ

カリフラワーは春と秋の年2回植えつけ可能ですが、おすすめは秋植え。気温が下がるため病害虫の心配が少なく、成長もゆっくりでお世話も楽です。苗は9月中旬くらいから出回りますが、種まきしてもOK。7月下旬～8月下旬、3号ポットに3粒点まきし、間引きながら育てて1株に。

今回は虫よけとしてキク科のレタス、セリ科のチャービルとコリアンダーを寄せ植えしましたが、ビオラやスイートアリッサムなどでも素敵。カリフラワーの植えつけから1か月ほど遅らせて植えつけると、花が暑さで徒長することなく元気に育ちます。

鉢底石を敷き土を入れる

コンテナのサイズの目安は直径30×深さ25㎝。写真のように底網が付いているものは隙間を埋めるように大きめの鉢底石を置く程度でOK。土を8分目まで入れる。

9月下旬 本葉4～5枚で植えつけ

コンテナの中心に植え穴を作り、本葉4～5枚のうちに苗を植えつけ。ブロッコリー同様、根を崩さないように。植えつけから1か月したら有機置き肥を。

葉の陰になるところにチャービルを

日陰を好むチャービルをブロッコリーの葉の陰になるところへ植え、残りのスペースにレタスやコリアンダーの苗を植えつける。苗とコンテナの縁との間に土を流し込み、根が伸びるスペースを確保するのがポイント。

栽培暦

植えつけ
8月下旬～9月下旬

収穫
10月下旬～
翌1月下旬

＊カリフラワーは一～二年草。

**翌1月末
小さなつぼみが**

その名のとおり、「オレンジブーケ」のつぼみが見えてきた

11月下旬、花蕾がつき始めたら追肥。レタスやハーブは大きく育った外側の葉のつけ根から使う分だけ切って収穫すると、中から新芽が出てきて長く愉しめる。

**2月中旬
収穫**

2月中旬、花蕾が直径10㎝ほどになったら、茎ごとハサミで切って収穫。側花蕾はつかないので、ここで栽培終了。茎を10㎝ほど残して撤収。春にはまたレタスを植えて。

**レタスやハーブは
ハサミで切って
収穫**

column

カリフラワーのリボベジ栽培

カリフラワーも
生命力が
すごい！

切った茎のつけ根から新芽

2月に花蕾を収穫した後、カリフラワーの茎を10㎝ほど残しておいたら、4月につけ根から新芽が出て再びカリフラワーに。ブロッコリーの仲間のカリフラワーも生命力旺盛です。

収穫の愉しみ

cauliflower

point lesson

　白のイメージが強いカリフラワーですが、自分で育てるなら遮光の手間が省ける「オレンジブーケ」や「バイオレットクイン」などのカラフル&コンパクトな品種がおすすめ。色味が少なく、地味になりがちな冬のベランダもぐっと華やぎます。

　ブロッコリーと異なり、カリフラワーは側花蕾が生えてこないので、収穫は1度きり。長く愉しみたいなら、花蕾が割れるまで収穫のタイミングを遅らせ、頂花蕾が割れて伸びていくスティックカリフラ

コンテナに咲いたカリフラワーのブーケ。

手前はスティックカリフラワーの「紫カリフローレ」。

「世界一美しい野菜」といわれるロマネスコ。側花蕾が出ないので、分類学的にはカリフラワーの仲間。

ワーを育てるのがおすすめ。ブーケのように立派な花蕾も、かわいらしいスティックカリフラワーも、とりたてのやわらかさと甘さは格別です。

column

収穫時期を逃してもラッキーなこともある

たなか's eye 観察！ 花蕾のその後

収穫のタイミングを逃した！

写真のように、花蕾の収穫適期を逃してモコモコと亀裂が入ってしまった「オレンジブーケ」も、スティックカリフラワーとしておいしく食べられます。外側からハサミで切って収穫を。

オレンジブーケのチーズフォンデュ

enjoy cooking

わが家ではカリフラワーといえばコレ！
白ワインで溶かしたチーズとの相性が抜群！

花蕾が割れてもおいしい！

TANAKA's eye

茎を長めに残し、1本ずつにカット。さっとゆがくと色鮮やかになって、一輪の花のようなかわいらしさ。茎も花蕾もまだまだやわらかく、ほのかに甘くて絶品。バーニャカウダソースで「いただきます！」

コールラビ

アレンジ自在なおいしさと
ユニークなフォルムに夢中!

欧州ではポピュラーですが、日本ではまだまだマニアックな野菜。ドイツ語で「コール」はキャベツ、「ラビ」はカブを意味し、ブロッコリーやカリフラワーと同じ〝キャベツ一族〟です。丸く太った茎はシャキッとほのかに甘く、ブロッコリーやキャベツの芯のような味わい。クセがなく、生でも加熱してもおいしいんです。

そして、なんといっても魅力的なのがユニークなフォルム。まん丸ボディから自由奔放に手を伸ばす生命体のように見えて愛着がわきます。形も大きさも個性豊かです。

9月中旬、
ラインごとに
コールラビ
「アスルスター（紫）」
「ノリコ（薄緑）」を
種まき。

ふくらむ様子を観察しながら

苗があまり出回っていないので、種から栽培。脚付きのワイヤーバスケットにココヤシシートを敷き、種をすじまき。双葉の下の胚軸がふくらみかけているものを残し、それ以外を間引く。ポットまきも可能（P112参照）。

11月中旬 胚軸が少しずつふくらむ

種まきからおよそ2か月、間引いて6～7株にしたコールラビの胚軸が少しずつふくらみ始める。このタイミングで有機置き肥で追肥する。

12月から翌年にかけて少しずつ収穫

株ごとに異なる成長スピードと個性的なフォルムを愛でながら収穫を待つ。12月、直径7cmほどになったものから、つけ根をハサミで切って順次収穫。

収穫後はキッチンハーブの寄せ植え鉢に

栽培終了後の4月上旬、根を抜き、みみずのふん土を入れる。料理によく使う5種類のハーブ（セージ、タイム、ローズマリー、チャイブ、パセリ）を植えつけ。組み合わせはお好みで。

育て方のコツ

Kohlrabi

point lesson

種のまき方とお手入れ

コールラビは移植に強いのでポットで育苗してから植えつけても元気に育ちます。3号ポットに土を入れて湿らせ、等間隔で5粒まき、1cm覆土。本葉が出たら間引いて2株にし、本葉3〜6枚になったら1株ずつ定植。直径7〜8cmになったら順次収穫です。

クセがないので料理のアレンジは自在。薄くスライスしてディップサラダに、シチューの具に、細く切ってきんぴらにしてもおいしい！ 間引き菜を摘んで味噌汁やラーメンにプラスすれば手軽に栄養アップできるので、忙しい日の食事作りにも重宝します。

ココヤシシートを敷き、カゴをコンテナに

コンテナの深さは14cmほどあればOK。カゴを使う場合は、ココヤシシートをカットして敷く。種まき前に水で土を湿らせておく。

深さ1cmの溝 2列に2〜3cm間隔ですじまき

種が小さいのでピンセットを使ってまいてもOK。1cmほど土をかけ、発芽までは日陰に（気温が高い場合は室内に）。発芽後は日当たりのいい場所に移動。

形を見ながらハサミで切って間引く

本葉が出てきたら株元の胚軸の形をチェック。細いものや曲がっているものはハサミで間引き、生育のいい6〜7株を残す。

追肥と増し土を

11月中旬、胚軸が理想的なふくらみに。株元に土を足し、ぐらつき防止。有機置き肥などで追肥を行う。その後は1〜2か月に1回追肥。葉が10枚以上になったら下の葉を数枚摘葉。

column

直径11・5cm、深さ14cmの鉢でも育つ

栽培暦

種まき 8月下旬～9月下旬

収穫 12月下旬～翌3月下旬

ポットで苗を育て、1株ずつ鉢栽培も

のびのび育つ姿が見飽きない

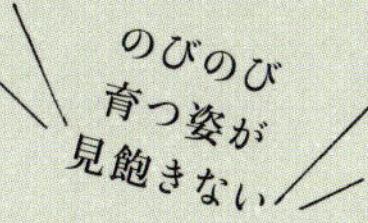

虫がつきにくく育てやすい紫色の「アスルスター」、ほんのりとした甘さで淡緑色の「ノリコ」を1株ずつ鉢植えに。色や形、茎の伸び方など、それぞれの個性が際立ち、観察がより愉しみに。

収穫の愉しみ

直径7～8cmが食べごろ

ゆっくり育って、3月中旬に収穫。

enjoy cooking

コールラビのきんぴらと花びらスライス

シャキシャキの歯ごたえを生かしてきんぴらに！ 薄くスライスして氷水に放つと縁が丸まり、花びらのような形に。

コールラビは私のアイコンです

コールラビのスケッチを元に作った名刺やオリジナルスタンプは会話のきっかけにも。

料理の香りづけに欠かせないキッチンの名脇役は、土づくりでもパワーを発揮。殺菌作用のある根が微生物を刺激し、病害虫に負けない元気な土に育てます。

ミックスレタスの収穫を愉しみながら、土深く育つ球根に想いをはせること10か月。ドキドキしながら掘り起こすと、まるまる太った球根がゴロゴロ！　鼻をくすぐる新鮮な香りに早くもおなかが鳴りそうです。

掘りたての新ニンニクをガーリックトーストで堪能したら、残りは魔よけの「ガーリックブレイド」にして、飾りながら保存します。

9月上旬、ニンニクの種球を13～15個植えつけ。

根の深いニンニクと根の浅いレタスは相性のいい組み合わせ

9月にニンニクの種球を植え、10月中旬に発芽したらミックスレタスの種をばらまき。ベビーリーフを収穫しながら、翌5月にニンニクを収穫。根を深く張るニンニクと、根を浅く張るレタスは互いの成長を邪魔しない相性のいい組み合わせ。

12月下旬レタスミックス収穫&追肥

種まきから2か月、ミックスレタスが食べごろに。外側の葉からどんどんカットして収穫。このタイミングでニンニクの追肥も。冬に備えて有機置き肥と活性液を与える。

花芽を摘み取り5月下旬にニンニク収穫

3月中旬になり、茎が太くなってきたら液体肥料を10日に1回。4～5月、茎の先端に花芽がついてきたら早めに摘み取る。5月下旬、茎葉が枯れてきたら掘り起こして収穫！

収穫後はウリ科の野菜へバトンタッチ

ニンニクを栽培した後の土は微生物が多く、後作野菜の成長にもいい影響が。水分が多く病気になりやすいキュウリや小玉スイカなどのウリ科の野菜を育てるのにぴったり。

育て方のコツ

garlic

point lesson

植え方とお手入れ

ニンニク栽培は品種選びが肝心。以前、青森県産の人気品種を育てたところ、わが家とは気候が違いすぎてうまく育たず。代わりに奈良県産の品種を選んだらよく育って大収穫。住んでいる場所に気候が近い産地の種球を選ぶことが大切だと実感しました。

また、意外と盲点なのが植えつけ時期。品種によって異なるものの、まだ日照時間が長い9月中に植えつけると光合成によって養分が蓄えられ、冬越しもスムーズ。植えつけが遅れると球が肥大しにくくなります。

植えつけ後は定期的に追肥して球の成長を応援。花が咲くと球が太らないので、花芽は必ず摘み取って。

種球は奈良県産を購入

ニンニクは自宅周辺と気候が近い産地の種球を、植えつけ適期を逃さず、土深く植えることが大切。関東在住のわが家は奈良県産の種球を購入し、9月上旬に植えつけ。

9月上旬 種球の植えつけ

コンテナに土を入れ、10㎝間隔で深さ7〜8㎝の植え穴をあける。種球は薄皮をつけたまま1片ずつに分け、先端を上にして植える。土を戻して水やりを。

9月下旬 ニンニク発芽 ミックスレタス播種

発芽後、株間にミックスレタスの種をばらまき、土をパラパラと。スパイスの空きびんが便利！

ベビーリーフ 収穫&追肥

10月下旬、間引きを兼ねてレタスのベビーリーフを収穫。12月上旬にニンニクの株まわりに有機置き肥と活性液を。春先に茎が太くなってきたら、液体肥料を10日に1回のペースであげて種球の成長をサポート。

栽培暦

植えつけ 9月上旬～10月上旬

収穫 翌5月下旬～6月下旬

翌4月下旬
レタスは株ごと
収穫

春になり茎が一気に太くなってきたら液体肥料を与え、レタスは栽培終了。5月下旬、茎葉の2/3が黄色く枯れてきたら掘り起こして収穫。後作のウリ科野菜を植えつける。

4月に入ると株の中央から花茎（ニンニクの芽）が伸びてくるので手で折って摘み取る。花が咲いて種ができてしまうと土の中の種球が太らないので忘れずに。

花茎が出てきたら
早めに摘んで、
養分を集中！

収穫の愉しみ

葉が黄色くなったら収穫

ベランダガーデンのお守り

魔よけのガーリックブレイド

収穫後１週間ほど自然乾燥させ、
茎がやわらかなうちに編み込むのがポイント。
保存を兼ねてベランダの入り口につるして。

根がこんなにびっしり！
白い根が微生物と
協力して土を豊かに。

やわらかなベビーリーフを
“Cut and come again”。
野菜室いらずの
「サラダバスケット」。

ベビーリーフミックス

baby leaves

春と秋

「いちばん簡単な種まき野菜は？」と聞かれたら、迷わず指名するベビーリーフ。寒さに強くコンパクトに育ち、こまめな間引きも必要なし。種のバリエーションが豊富なのも魅力。わが家ではバスケットやバケツ、コランダー（水切りボウル）で数種類を栽培。余った種はブレンドし、スパイスボトルでキープしています。

収穫は株元を2〜3cm残し、使う分だけ切れば2週間ほどで新芽が伸び、1回の種まきで2〜3回収穫できます。とりたてのやわらかな葉を繰り返し愉しめます。

春と秋、好みのミックスシードでじかまき。

ベビーリーフはどの成長期も収穫しながら愉しめる

種まき期間は春、秋それぞれ2か月あるので、いっぺんにスタートせず、ちょっとずつ種まきを。種はスパイスボトルに入れておくと保管しやすく、種まき時に種が手につかず、パラパラまけて便利。

こんな風に育てよう！

ベビーリーフミックス

ベビーリーフの種 様々なミックスシードがある

余った種をブレンドした、マイミックス。スパイスボトルでキープ

栽培暦

種まき（じかまき）
3月上旬～5月下旬
9月上旬～11月下旬

収穫
真夏を除く通年

baby leaves mix variation

2色のフリルリーフ「ロロロッサ」とルッコラのマイブレンド

緑色と紅色のたっぷりフリルがかわいいリーフレタス「ロロロッサ」にルッコラの種を混ぜたマイブレンド。水抜き穴をあけたブリキのバケツでハンギング栽培。

4種の「ちょい辛ミックス」

タカナやカラシナなど、少し辛みのあるベビーリーフミックスを赤い不織布のコンテナで栽培。ほどよい辛みがサラダのアクセントや肉料理のつけ合わせに重宝。

「サラダミックス」と「ベビーリーフミックス」

キッチン用品のコランダーを使い回し、種類の異なるベビーリーフミックスを栽培。葉の色や形、味だけでなく、成長スピードにばらつきがあるのも面白い。

育て方のコツ

baby leaves

point lesson

種のまき方とお手入れ

レタスは好光性種子なので土のかけすぎに注意。根が張りにくく、ひょろひょろしがちなので薄く土をかけたら、手で押さえてならすことも忘れずに。鉢に透明なシャワーキャップをかけて湿度と明るさを保ちながら発芽を待ちます。発芽後は混み合っている部分だけを軽く間引き、密植ぎみに。間引くときは地際をハサミでカット。残った細い根は微生物が分解してくれます。間引き菜は料理のトッピングにぜひ。

6種の「サラダミックス」で解説します。

step 1 種をパラパラとばらまき

土を手で押さえてならし、十分に水を湿らせてから種まき。種が隠れる程度に薄く土をかけて、手で押さえる。

step 2 シャワーキャップで保湿と明るさをキープ

2～3か所空気穴をあけたシャワーキャップをかけ、直射日光を避けた明るい場所で管理。

step 3 発芽し始めたら日に当てる

発芽し始めたら（3～4日後）、日当たりのいい場所に移動。写真は種まきから8日目。

step 4 混み合っている部分を間引く

指で間引くと他の株も持ち上げてしまうのでハサミで地際をカットする。

茎の色や形に種類ごとの特徴が出る。茎がひょろひょろしていたり、同じ種類ばかりに偏ったりするならもう一度だけ間引く。

step 5 種まきから2週間後

このくらい密植ぎみで育ててOK。株元がぐらつくなら土を足す。

column

コランダーをコンテナに

コランダーに梱包材の凹凸面を下にして敷く。洗濯バサミで固定して水抜き穴をあけ、土を入れてはみ出し部分を切る。

収穫の愉しみ

間引き菜（スプラウト）の収穫から約1か月、草丈8～10cmのベビーリーフが食べごろ。とりたての葉はやわらかくてふわふわ！　塩コショウ、ビネガーだけで十分なおいしさです。

ちょこっと摘んで料理のつけ合わせやお弁当の隙間に、あるいはコランダーごとテーブルに運んでパーティーにと大活躍。株元を2～3cm残してカットすれば、再び収穫でき、コスパも鮮度も抜群。ベランダが野菜室に早変わりです。

enjoy salad life!

ⓐ草丈8～10cmに育ったらベビーリーフの収穫開始。ベランダが野菜室！　再び新芽が出てきて、20日くらいでまた収穫が楽しめる。ⓑちょっとだけでもお弁当に嬉しいグリーンの収穫。ⓒやわらかな7種のベビーリーフ「ガーデンベビー」。ⓓテーブルに運んで摘みながらオープンサンド。キッチン用品なのでキッチンやテーブルに置いても違和感なし。ⓔ間引いたベビーリーフとグレープフルーツで朝のサラダに。

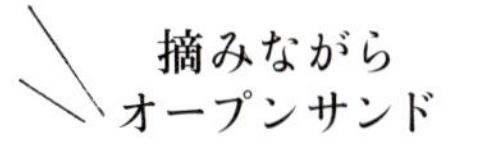

間引き菜から菜の花まで堪能。
シンプルにおいしい、
アブラナ科の葉ものトリオ。

ルッコラ チンゲンサイ コマツナ

green leaves 春と秋

葉ものがおいしくなる秋冬。いろいろ試してみたけれど、ベランダで育てておいしいのは、胸を張ってこの3つ！ アブラナ科の仲間で、間引き菜から花までおいしく食べられます。イタリア生まれのルッコラはゴマのような風味とほのかな辛みがやみつきに。翡翠色が美しいチンゲンサイは丸ごと調理できるミニサイズが重宝。空き缶に植えて、「姫チンゲンサイ」と呼ばれる愛らしい姿を愛でています。そして元旦のお雑煮に欠かせない日本生まれのコマツナは昔ながらの伝統品種を。

9月上旬から
コンテナで
じかまきします。

すじまきで間引いた株も植え替えて愉しめる

すじまきでもばらまきでもOK。間引きや増し土などのお世話がしやすいのはすじまき。まずは1つのコンテナで1品種を栽培。間引き菜を移植して単鉢で育てたり、寄せ植えも可能。

ルッコラの種が少し小さいが、チンゲンサイ、コマツナと見た目はどれも似ている

3種のアブラナ科の種

1つのコンテナに1品種をすじまき。これが3種共通、基本の育て方

間引き菜を単鉢で育てても！

cultivation variations

ルッコラとレタスの寄せ植え

アブラナ科のルッコラとキク科のレタスを寄せ植えするとアブラムシ対策に。チンゲンサイやコマツナでも応用可能。

間引きを兼ねた植え替え

間引き菜は収穫も移植も可能。移植は本葉6枚ごろを目安に。とくにチンゲンサイは根が丈夫で、移植向き。空き缶や紙パックの鉢に単植し、葉の形や葉脈を愛でる愉しみも。

アブラナ科のミックスシード

アブラナ科の葉もの野菜、ルッコラ、タカナ、ミズナのミックスシードをコランダーにばらまき。密植ぎみに育てて、ベビーリーフサラダで愉しんでも。

育て方のコツ

種のまき方とお手入れ

アブラナ科の葉ものは小さいころの育て方が肝心！日陰のままだと、光を求めて茎がひょろひょろ伸びてしまうので、発芽後は早めに日当たりのいい場所へ移動させ、双葉で1回目、本葉が出たら2回目の間引きを。本葉5～6枚になると根が強くなり、スコップで掘り上げての移植も可能に。このころから液体肥料を10日に1回与えて成長を促します。

栽培暦

種まき（じかまき）
3月上旬～5月下旬
9月上旬～11月下旬

収穫
真夏を除く通年

green leaves
point lesson

step 1 発芽したら日なたへ！

湿らせた土に8㎜ほどの溝を作り、1～2㎝間隔ですじまき。土を薄くかけて、手で軽く鎮圧。発芽までは日陰、発芽後は日当たりよく。

step 2 双葉がそろったらカットして間引き

ハート形の双葉がそろったら、茎が太くて短いほうを残し、混み合っている部分をハサミでカットする。

step 3 本葉が出たら増し土を

本葉が出たら葉が触れ合う程度に間引き、増し土をして根のぐらつきを防止。草丈8～10㎝、本葉5～6枚ほどでさらに間引いて株間を広げる。

お雑煮用に育てたコマツナ仲間の伝統野菜「正月菜」と「ごせき晩生小松菜」。小さめサイズを収穫し、丸ごとお椀に。

column

コマツナのリボベジ

根付きコマツナは株元を数㎝残してカット。内側の新芽と茎を数本残して植えつけ。

＊茎が太く長いコマツナは「伝統小松菜」とチンゲンサイの交配種だとか。茎を見ると確かに！

穴があいてしまった鍋をハンギングコンテナに。日当たりがよく、みるみる再生し、1か月後には見事収穫！

収穫の愉しみ

3種とも草丈12～15cmほどのベビーリーフが食べごろ。中心の新芽を残し、外側をカットすれば、繰り返し収穫できます。「ルッコラだけサンド」や、油を垂らしたお湯でチンゲンサイをさっとゆでた「ピカピカチンゲンサイ」、元日の朝に収穫したコマツナを使った「お雑煮」など、とりたてならではのシンプルなごちそうを愉しみます。

3月にはベランダで菜の花摘み。特にルッコラの花はほんのり蜜の味がして絶品！料理に散らせばテーブルに春がやってきます。

ⓐアブラナ科の菜の花。ⓑ双葉の形は3種とも同じハート形だけど、ルッコラだけは葉と同じゴマ風味。ⓒルッコラの花はクリーム色でストライプ柄。花びらが散ると雌しべの子房がふくらんでサヤになるので、種採りするのも愉しみ。ⓓクリームチーズにルッコラの葉を練り込んで丸め、花をのせたおつまみ。ゴマのような香ばしい風味がチーズのまろやかさにマッチ。

菜の花ちらしのお祝い寿司

ひなまつりには、コマツナとチンゲンサイの菜の花でちらし寿司を。つぼみをさっとゆがいて食べてもおいしい！

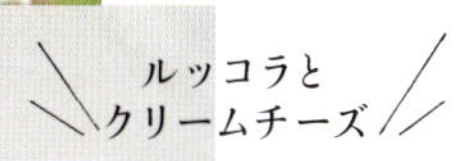

たなかスタイル 食べる愉しみ

エンドウ

前作の枝茎を利用して仕立てる
のびやかな春のグリーンカーテン。

peas
+
chinese chives

晩秋

寒さに強く、土を豊かにしてくれる冬越し野菜。成長はじれったいほどゆっくりだけれど、寒さがゆるみ始めるとツルが一気に伸び、見事なグリーンカーテンに。夏に育てたピーマンの枝茎を支柱にして、可憐な花が映えるナチュラルな誘引を目指します。

品種はサヤを食べるサヤエンドウ、実を食べる実エンドウ、両方を食べるスナップエンドウの3タイプあり、ツルの有無が選べる自由度も魅力。ミックスして育てると表情豊かなグリーンカーテンになり、収穫を長く愉しめます。

土を豊かにするマメ科。ニラは微生物に働きかけ病気予防効果も。

土を育むエンドウと支柱になるピーマンのローテーション栽培

前作のベルピーマンの茎を支柱として利用。一緒に植えていたニラは多年草なので植えっぱなしでOK。11月中旬、ツルありスナップエンドウの種まき。

12月下旬 寄り添いながら冬越し

真冬は成長が止まるものの、寒さがゆるむと一気にツルが伸びだすので、オベリスクなどのワイヤー支柱は早めに準備。ニラは葉が枯れて越冬、春に再び葉が生える。

2月下旬 一気に伸びだし3月に収穫開始

寒さが少しゆるむと再び成長がスタート。ベルピーマンの枝支柱にツルが絡んでいく。3月には花が咲き、開花から約2週間でサヤエンドウの収穫が始まる。

支柱にしていたベルピーマンから再び葉が展開！

5月にはスナップエンドウの収穫終了。支柱にしていたベルピーマンから再び葉が！ ホーリーバジルとオクラを植えて、晩秋まで収穫が続く。

育て方のコツ

peas

point lesson

植え方とお手入れ

冬越しの1つ目のカギは種まき・植えつけ時期。早すぎると株が徒長して寒さに弱くなるので、焦らずゆっくりと。2つ目のカギは年内のうちに株元をマルチングし、寒さ＆乾燥対策をすること。2月末ごろになってツルが一気に伸び始めたら活性液で成長をサポート。同様に花が咲いたり、実がつき始めたりしたら追肥を行います。葉にハモグリバエを発見したら、手で取り除くか、サヤへの影響は少ないので放任しても。

花が咲いて約2週間でサヤエンドウ、約20日でスナップエンドウ、約40日で実エンドウの収穫です。

11月中旬
4〜5㎝間隔の
すじまき

ポットでの
育苗も
おすすめ

コンテナに4〜5㎝間隔ですじまきするか、新聞紙ポット（P38）に3粒まきして2週間ほど育苗。ポットごと植えられて根も傷めない。

じかまき、
ポットで育苗
どちらもOK!

間引かず
密植で
共育ち

種まきから2週間、生育の悪い株以外は間引かず、密植ぎみに。株同士が互いに支え合って元気に育つ。あまり混み合うようなら地際でカットして間引き、豆苗として収穫を。

12月下旬
ワイヤー支柱を
プラス

春先の急成長を見越して、オベリスクなどのワイヤー支柱をプラス。株元にわらや水ゴケをマルチングして寒さ対策を。株が小さい年内は追肥なしでOK。

防寒は
水ゴケのマルチで。

栽培暦

種まき 10月中旬～11月中旬

植えつけ 11月上旬～11月下旬

収穫 翌3月中旬～4月下旬

互いのツルを絡めて支え合う

ツルが互いに枝に巻きつくのでひもの補助なしでもカンタン

ツルが一気に伸び、花が咲き始めたら液体肥料を。ワイヤー支柱やベルピーマンの枝に巻きつき、互いのツルを絡めながら伸びていく。

2月下旬 花が咲く

3月中旬 下から順にサヤの収穫

混み合いすぎた枝を整枝

開花後、約2週間でサヤエンドウの収穫。倒れそうな枝や混み合うところは株元から切って剪定し、風通しよく。

column

自家製支柱とマルチでサポート

竹支柱と麻ひもを渡した自家製ネット&わらでマルチング

前作野菜の枝茎以外にも、剪定枝や竹を支柱として使うことでナチュラルなグリーンカーテンを作ることができます。写真は、長さ約1.8mの竹支柱に麻ひもを渡した自家製ネット&わらのマルチング。マルチングにはココヤシファイバーや水ゴケを使用しても。

3月になり春の気配を感じるころになると、花が咲いて実がつき始めます。風にひらひらと揺れる可憐な花、三日月形の小さなサヤは何度見ても飽きない美しさ。サヤをよく観察すると、ガクの間には雄しべが、ガクの先端には雌しべの名残りがつき、光越しに見える赤ちゃん豆のシルエットに胸が躍ります。できるだけ自然な誘引にしたいと思うのも、この美しさに魅せられたからなんです。

peas variation

ⓐ赤花エンドウ。可憐な花と、朝のやわらかな光に透ける小さな豆にうっとり。ⓑふっくら食べごろのスナップエンドウ。ⓒ「ツタンカーメンのエンドウ」。ツタンカーメン王の墓から出土したといわれ、花もサヤも紫色。ⓓツタンカーメンのグリーンカーテン。ⓔ豆は緑色だが、豆ごはんを炊くときに紫のサヤをのせるとほんのり桜色に。

収穫は3月中旬～4月下旬にかけて。サヤエンドウ（キヌサヤ）は実がふくらむ前、スナップエンドウはサヤの太り始め、実エンドウはサヤが太ったら食べごろです。わが家では赤い花が咲く「赤花エンドウ」、サクサクおいしい「スナップエンドウ」、紫色のサヤが美しく病気にも強い「ツタンカーメンのエンドウ」、和歌山の伝統野菜「碓井（うすい）豌豆（えんどう）」など、お気に入りの品種をミックスして栽培。春先取りの菜園風景とごちそうを満喫しています。

column

種まきして育てがいのある豆ごはんの絶品品種

「碓井豌豆」は和歌山の伝統野菜

薄い皮とホクホク感、ほのかな甘みが特徴で、豆ごはんにすると風味豊かで絶品。ごはんを炊く際にサヤを加えるとうまみがアップします。食べるときはサヤをのぞいて豆を混ぜこんで。

たなかスタイル 食べる愉しみ

花が咲いて約40日で食べごろになる実エンドウ。下から順にハサミでツルをカットして、ひとサヤずつ収穫。

実エンドウの収穫

碓井豌豆の豆ごはん

豆は鍋でさっとゆで、少しずつ水を足しながら冷ますとシワにならずふっくらきれい！

broad beans
+
sweet alyssum
viola

晩秋

秋冬野菜のアンカーは11月に種まきするソラマメ。ランのような美しい花が咲いたあと、「空豆」の名の通り、サヤは空に向かってふくらみます。豆の重みでサヤが垂れ下がり、表面がつやつやしてきたら食べごろ。ドキドキしながらサヤを開けると…ワタのふわふわベッドに翡翠色の豆が横たわり、まるで宝石箱のよう！

一度にたくさんとれないから、ごちそうはひとりひとサヤ。それでも家族は大喜び。サヤごと焼くと豆はほっくり甘く、香り豊かに。半年以上じっくり育てる価値のある味わいです。

種はじかまき、
ポットで育苗
どちらでもOK。

花々に囲まれて冬の間も華やか！

夏の間、ナスを育てていたコンテナにソラマメ2株、前作からのスイートアリッサム2株、クフェア、ビオラを寄せ植え。花々が寒さと乾燥を防ぐマルチの役割を果たす。春にはソラマメの花との共演も。

12月上旬 種まきから3週間後

耐寒性があるソラマメ。種まきが早すぎると越冬できないので注意。種は3粒まき、発芽したら間引いて、2株に。本葉3~4枚、草丈10cmほどで越冬させると元気に育つ。

翌4月上旬 草丈約80cmで摘芯

2月末になり、寒さがゆるみ始めると、ぐんぐん成長。苗の株元から分枝するので4本ほどに整枝し、支柱を立てる。翌4月上旬、草丈が80cmほどになったら摘芯。

5月下旬 ソラマメ終了 夏野菜を植える

上向きだったサヤが垂れ下がり、表面がつやつやしてきたら大きいものから順次収穫。撤収後はパプリカとオクラを植えて、夏に収穫。

育て方のコツ

point lesson

broad beans

種のまき方とお手入れ

ソラマメは発芽率がよく、種からでも簡単に育てられます。種が大きい分、発芽に酸素を必要とするため、埋め込みは浅く、覆土は先端がのぞく程度に。「お歯黒」と呼ばれる黒い筋から根が出てきます。カラスやハトに種を食べられてしまうこともあるので防鳥ネットをかけるか、ポットで育苗するなどの対策を。

お手入れのポイントは整枝と開花後の摘芯。サヤに栄養を集中させるために思いきって行います。ふっくらとしたソラマメに育てるために、摘芯後は1日2回水やりを。サヤが豆の重みで垂れ下がり、表面につやが出たら待ちに待った収穫です！

種の黒い筋（お歯黒）を斜め下にし、浅めにさし込む。じかまきなら8㎝間隔で3粒、9㎝ポットなら2粒。先端が少しのぞく程度に土をかける（抗菌剤により種は緑色）。

発芽したら間引いて生育のいい苗を2株残す。ポットで育苗した場合は本葉3枚で定植。

2月下旬、株元から分枝が伸びてくる。1株につき、太くてしっかりした枝を4本程度残し、他はハサミでカット。同時に支柱を立てて。

栽培暦

種まき 10月中旬～11月中旬

収穫 翌4月下旬～5月下旬

水やりはしっかりと

摘芯すると一気にサヤが上を向いてふくらみ出す。水を多く必要とする時期なので葉がぐったりしていないか確認しながら水やりを。

草丈80㎝で摘芯。

3月上旬、花が咲き始めたら追肥を。支柱も背の高いものに替える。4月上旬、草丈80㎝で摘芯。新芽にアブラムシがつきやすいので花が咲いていても思いきってカットを。

収穫の愉しみ

白いワタのベッドに翡翠色の豆！

4月下旬から順次収穫。サヤごと蒸してジュレ状になったワタは感動の甘さ。パスタソースに混ぜると絶品。

たなかスタイル 食べる愉しみ

enjoy cookiing

絶品！ 焼きソラマメ

サヤのまま焦げ目がつくまでグリルして塩で。薄皮もおいしい！

サクラのお花見が終わるころ、ベランダ菜園ではブラックベリーのお花見が始まります。サクラに似たピンク色の花が咲いたあとは赤い実がつき、少しずつ黒く完熟に。わが家で育てているのは「ソーンフリー」というトゲなし品種で、畑から移植して28年目。実がつく前のやわらかなツルを木製トレリスに絡ませ、グリーンカーテンに。マンションの大規模修繕も見事に乗り越え、毎年実をつけるたくましさです。

夏は毎日ベリー摘み。黒くつややかな実から真っ赤な果汁があふれ、甘酸っぱさが口いっぱいに広がります。

育て方と収穫

直径・深さともに30〜40㎝のコンテナに植えつけ。ツルが伸びてきたらトレリスなどに誘引し、枝がかたくなるまではクリップで固定。春の開花後と秋の剪定後、有機置き肥やコンポストティーを与えます。乾燥に強いので、水やりは夏場は2日に1回、冬場は週に1〜2回でOK。主枝から伸びて実がついた枝は再び実がつかないので、落葉したら剪定を。4〜5年ごとに根を切り戻すと長く元気に育ちます。

栽培暦

植えつけ　11月上旬〜翌2月下旬

収穫　7月下旬〜8月下旬

サクラと同じバラ科。4〜5月にかけて花が咲き、開花と同時に自然に受粉する仕組み。開花から約1か月で実がつき始める。

実が黒くなり、そっと引っぱって抵抗なく外れたら完熟の合図。収穫期間は約1か月。ヨーグルトに入れたり、冷凍保存してミルクセーキを作ったり。

ワイヤープランツでマルチングしたら、繁殖しすぎたので、株分け時にバークチップを敷き詰めた。隙間からカタバミが生えてきていい感じに。

一度実がついた枝は落葉後に剪定し、太い主枝は残す。カイガラムシは拭き取る。

column

大規模修繕工事も乗り越えて

4か月にわたるマンションの大規模修繕工事。ベランダの植物やウッドパネル、トレリスなどを全て移動しなければならず、ブラックベリーとヤマブドウ（P138）は5〜8月の間4か月間、敷地内の芝生エリアに移動させて過ごし、今も健在（臨時水栓の設置あり）。他の鉢たちも芝生スペースに集まり、まるでキャンプしているみたいに。特にトラブルもなく、ベリーにはちゃんと実がつき、意外とたくましいんだなと感じました。

栽培が難しいブドウも野生種なら手軽。暑さにも寒さにも病気にも負けず、たくましく育ちます。冬の休眠から目覚めると一気に芽吹き、夏はグリーンカーテン、9月いっぱいはブドウ狩り、12月上旬にはささやかな紅葉も！

収穫した実は自家製シロップに。びん詰めしておけば鮮やかな葡萄色のカクテルやゼリーがさっと作れます。葉と実を発酵させたブドウ酵母でパンを焼いたり、剪定したツルでリース作りをしたり。小さな果樹が1本あるだけで手仕事がぐっと身近になります。

育て方と収穫

コンテナは幅・高さ・深さともに30㎝以上の大きめサイズを。秋に出回る小さい苗木はすぐに植えつけ、6月ごろの実つきの苗木は収穫後の11月下旬以降にコンテナへ定植。冬場は週1~2回、夏場は毎日水やりし、2月と11月には、みみずのふん土と有機置き肥を与えます。翌春に花芽がつきやすくなるよう、冬の休眠期に細い枝の剪定を。新芽が出たあとに剪定すると実がつかなくなることもあるので気をつけて。

栽培暦

植えつけ 11月上旬~翌2月下旬

収穫 9月中旬~10月中旬

枯れ木状態で冬越しして、3月に芽吹き。花芽はすでにブドウの色と形！

7月には緑色のブドウの赤ちゃんが！「一才ヤマブドウ」は雌雄同株で育てやすい品種。1本で1年目から自然に実がつく。

12月上旬に紅葉が愉しめることも。色づき具合はその年の天候によっても違う。

夏の強い日差しを受け止めてくれるグリーンカーテン。9月、実が黒く熟したら収穫。

column

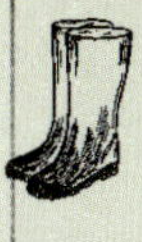

鮮やかな色を生かして

実は種が多いので鍋で煮てから裏漉しし、砂糖を加えてシロップに。びんに入れて冷蔵保存し、炭酸やジンで割って。甘さ控えめで適度な渋みがあるので、水で割ってノンアルワインとしても。

ベランダ＆コンテナ栽培 Q&A

虫対策

ベランダにも虫が来ますが、どのように予防すればよいですか？もし虫や病気が発生してしまった場合の対処法を教えてください。

早めに見つけて、すぐに対処することが大切。手の届きやすい場所に「お世話セット」があると、即作業ができます。歯ブラシ、ピンセット、ビニール手袋などのほか、懐中電灯も夜に現れるヨトウムシやナメクジ捕獲の必需品。

ニームオイル（ニームの実から抽出した植物オイル）を規定量に薄め、アブラムシやハダニに噴霧すると油で呼吸ができなくなります。また、植物の保護液としてスプレーしても植物の呼吸は妨げず、浸透して抵抗力をつける予防効果も。

まめに見回ることも大切です。

鳥対策

ハトやスズメ、カラスなどの
鳥対策は
どうすればよいですか？

全部の鳥が悪くはないので野鳥を観察する心の余裕もね。

100円ショップで販売している防鳥ネットをかけるだけでも効果があります。以前、ポットで育苗中のソラマメの種をヒヨドリに持っていかれたことがあり、苗トレーに被せる防鳥＆防虫ネットを手作りしました。苗につきやすいアブラムシも防除できて○。

留守中の水やり対策

旅行などで留守にするときの
水やりの方法には
どんなものがありますか？

水栓設備があるベランダなら「自動水やり機」を。高機能なのにお手頃価格な商品が年々充実しています。小型の鉢には、サイフォンの原理と毛細管現象を利用して給水する「水やり当番」などの商品が手軽です。

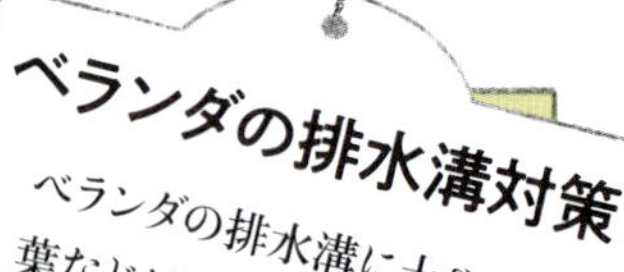

ベランダの排水溝対策

ベランダの排水溝に土や葉などが溜まってしまいます。対策はありますか？

排水溝の手前で土や葉などをキャッチするステンレス製のガードプレートがおすすめ。排水の溝の幅に合わせてプレートを曲げて設置できて便利です。ベランダにボロ布を常備し、時々布で排水の溝部分を拭きあげると細かな土も取ることができて、ホウキやチリトリよりもラク。

長年愛用しているのは「ベランダ排水溝のゴミストッパー」。いろいろなタイプが通販で購入可。

日光条件の対策

南向きではないので日当たりが悪いです。それでも育つ野菜はありますか？

半日陰を好むショウガやミョウガなら、西向きや東向きでもよく育ちます。この他、ミツバやシソも南向きよりむしろ東向きのほうが、葉がやわらかく香りもよいと感じています。ただし、風通しが悪いと、病気になったり虫がつきやすくなるので置き場所に工夫を。

参考文献

『連作でよく育つ野菜づくり』木嶋利男（家の光協会）

『図解でよくわかる　土壌微生物のきほん』横山和成／監修（誠文堂新光社）

『土と内臓　微生物がつくる世界』デイビッド・モントゴメリー+アン・ビクレー（築地書館）

『岩崎さんちの種子採り家庭菜園』岩崎政利（家の光協会）

『広田靚子のキッチンガーデン』広田靚子（NHK 出版）

『農薬に頼らずつくる 虫といっしょに家庭菜園』小川幸夫（家の光協会）

『だれでもできる ミミズで生ごみリサイクル』メアリー・アッペルホフ（合同出版）

『ちいさなちいさな めに みえない びせいぶつの せかい』ニコラ・デイビス（ゴブリン書房）

『奇妙で不思議な土の世界』英国王立園芸協会／監修（創元社）

園芸資材 & 園芸用品のおすすめ通販サイト

ガーデンマート
https://www.rakuten.ne.jp/gold/gmart/　園芸用品（ジョウロ、スコップなど）

青山ガーデン
https://aoyama-garden.com/　園芸用品（ベジバッグや支柱など）

ウッドプロ
https://www.woodpro21.com/　園芸用品（スクエアコンテナなど）

株式会社プロトリーフ
https://www.protoleaf.co.jp/　園芸用土、資材（「土ブロック」「匠」など）

株式会社タクト
https://direct.biogold.co.jp/　園芸用土、資材（「バイオゴールドシリーズ」など）

株式会社豊徳
https://www.hotoku-co.jp/mimizutarou/　園芸資材（「みみず太郎 100」）

てしまの苗屋
https://www.hana-umi-store.com/　園芸資材（「みみずのふん」など）

株式会社グリーンフィールドプロジェクト
https://gfp-japan.com/　有機種子

たなかやすこ Yasuko Tanaka

ガーデニングクリエイター＆イラストレーター

ベランダガーデナーの先駆けとして
30年以上メディアや講演会等で活躍。
自宅ベランダの小さな菜園から、
自然と暮らしをつなげる発信を続けている。
ホームセンターマガジン『Pacoma』で、
「小さなお庭のDiary」連載。
『ベランダ寄せ植え菜園』（誠文堂新光社）など著書多数。
https://www.greengloves.jp/

STAFF

アートディレクション	天野美保子
撮影	田中 淳
イラスト	Shoji、たなかやすこ
取材・文	松崎みどり、鎌田幸世
協力	『Pacoma』編集部
DTP制作	天龍社
校正	佐藤博子
編集	小山内直子（山と溪谷社）

ベランダで愉しむ 小さな寄せ植え菜園

2025年 2 月 5 日　初版第1刷発行
2025年 5 月20日　初版第2刷発行

著　者　たなかやすこ
発行人　川崎深雪
発行所　株式会社 山と溪谷社
〒101-0051
東京都千代田区神田神保町1丁目105番地
https://www.yamakei.co.jp/

●乱丁・落丁、及び内容に関するお問合せ先
山と溪谷社自動応答サービス
TEL.03-6744-1900
受付時間／11：00-16：00（土日、祝日を除く）
メールもご利用ください。
【乱丁・落丁】service@yamakei.co.jp
【内容】info@yamakei.co.jp

●書店・取次様からのご注文先
山と溪谷社受注センター
TEL.048-458-3455
FAX.048-421-0513

●書店・取次様からのご注文以外のお問合せ先
eigyo@yamakei.co.jp

印刷・製本　株式会社光邦

ISBN978-4-635-58054-0